Essai de Chymie méchanique.

Couronné en 1758, par l'Académie de Rouen ;
quant à la 2ᵈᵉ partie de cette Question :

„ Déterminer les Affinités qui se
„ trouvent entre les principaux Mixtes,
„ ainsi que l'a commencé Mʳ Geoffroy ; &
„ trouver un Sytéme physico-méchanique
de ces Affinités. „

Par G. L. Le Sage,
Associé Etranger des Sociétés Royales de Londres & de Montpellier,
Correspondant de l'Académie Royale des Sciences de Paris, à Genève,
Simile simili gaudet.

N.B. Pour faire imprimer le Titre, l'Introduction, le Jugement de l'Académie, &c :
L'Auteur, attend d'avoir achevé, quelques autres Dissertations analogues; qu'il pourroit bien
y joindre, sous un Titre commun.
Demie relure

Sommaires des principaux Chefs.

CHAPITRE PREMIER.
Premier Phénoméne & ses Conséquences générales.

C'est l'Attraction en raison inverse doublée des distances: modifiés par des Formes, des Tissus, des Densités & des Mélanges, qui en font naître des effets, plus variés & mieux prouvés que ne l'ont fait Mrs KEILL. En particulier: J'y démontre contre ces Messieurs, Que, quelque soit le rapport, des Densités d'un Solide & d'un Fluide; les Particules du premier, plongées dans le second, ne se fuiront jamais: Et j'essaye d'expliquer, la prodigieuse supériori-té de l'Attraction vers le Contact, sur la Pesanteur; uniquement par les Tissus & les Densités.

CHAPITRE SECOND.
Recherche du Méchanisme du premier Phénoméne.

C'est une Marche analytique assés rigoureuse; où je procéde sur tout par voye d'exclusion: Méthode, que je crois plus convaincante, que la voye d'Hypothése, qu'a employée Mr DES CARTES; & celle d'Analogie, qu'a employée Mr NEWTON. Je tombe enfin, dans les Atomes & le Vuide de DEMOCRITE: Excepté, que pour faire mouvoir ces Atomes, selon les Directions du Phénoméne à expliquer; je profite des lumié-res que nous avons sur les Directions de ce Phénoméne.

Les Epicuriens, supposoient: Que les Directions de la Pesanteur, étoient parallèles, entant que perpendiculaires à une Surface présumée plane. Desorte qu'ils devoient aussi, supposer parallèles, les Directions de leurs Atomes. Nous, qui connoissons la rondeur de la Terre; & qui savons, parconséquent: Que les Directions de la Pesanteur, concourrent toutes en un Point; ou plutôt, qu'elles convergent tout à la fois vers une infinité de Points différens, ce qui fait qu'elles se croisent en tout sens: Nous devons faire mouvoir les Atomes gravifiques, par des routes qui se croisent en tout sens. Ce qui est, d'ailleurs, bien moins hypothétique; qu'un Mouvement déterminé, on ne sait pourquoi, suivant une certaine Direction.

Et, pour donner à cette Indétermination, si vraisemblable, toute l'Etenduë imaginable. Ce n'est pas seulement, vers les Lieux où se trouve de la Matiére; que doivent être divisés ces dirigés ces Mouvemens : Mais vers tous les Lieux indifféremment. Ce qui ne produit cependant de la Gravitation, que vers les Lieux où il y a de la Matiére : À cause que les Lieux qui en sont privés ; se sont laissés traverser par les Atomes antagonistes, ou ceux qui y poussent un Grave quelconque ; ce qui produit un Équilibre : Au lieu que, les Lieux où il y a de la Matiére, ont arrêté en partie ces Antagonistes ; ce qui rompt l'Équilibre.

La même Voye analytique, me fait Découvrir : Que les Corps grossiers, doivent être prodigieusement perméables ; pendant que les Atomes gravifiques, doivent être prodigieusement petits, prodigieusement clair-semés, prodigieusement rapides : Et qu'ils doivent avoir été projettés, une fois pour toutes, par la CAUSE-PREMIÉRE, dans des Lieux prodigieusement éloignés d'ici-bas ; ce qui m'engage à les nommer Corpuscules ultra-mondains.

Je fixe par le Calcul, les Limites ; que ces différentes Quantités doivent nécessairement excéder, en considération de tel ou de tel Phénoméne : Sans pouvoir trouver aucun Phénoméne, qui indique des Limites qu'elles ne puissent passer.

Je préviens en passant ; les principales Difficultés que pourroient m'opposer, ceux qui n'auroient pas bien saisi mon Systéme. Telles que sont celles qu'on déduiroit : De la Proportionnalité de la Gravité à l'Inertie, présumée rigoureuse ; de la Rencontre mutuelle des Corpuscules ; & de la Résistance qu'ils doivent opposer aux mouvemens des Projectiles célestes & terrestres.

Enfin, je fais sentir : Que les Corpuscules qui reviennent d'une Particule de Mat. après avoir glissé sur elle ; étant aussi nombreux ; mais ayant une Vitesse moyenne d'un tiers moindre que celle des Corpuscules qui vont se rendre à cette Particule : Tous les Corps sont poussés vers elle, avec une Force, proportionnée à l'Excédent de la Vitesse originaire sur ses deux-tiers, c'est à dire à son tiers. Force, proportionnelle d'ailleurs, à la Densité locale de ce Courant, qui converge vers la Particule c'est à dire, réciproquement proportionnelle, aux Quarrés des Distances de ces Corps à cette Particule.

D'où se déduit toute l'Astronomie physique.

CHAPITRE TROISIÉME.
Second Phénoméne & ses Conséquences.

Ce Phénoméne, est: Que les Substances de même nature, s'approchent &
s'attachent mutuellement, avec plus de force, que les Substances de nature différente.
Aux Exemples qu'on avoit déja de cette Régle; j'en joins quelques-uns, qu'on n'avoit
pas encore observés, ou du moins envisagés sous ce point de vuë.

Je donne ensuite la raison, de ceque cette Régle est sujette à de si grandes
Exceptions; savoir: Que les Corps même qui tendent avec le plus de force à s'approcher;
s'approcher; ne font aucun effort pour se-pénétrer plus intimément qu'on ne les mêle,
ni pour se maintenir dans cet état de Dissolution mutuelle; lorsqu'il n'y a pas assés
d'Inégalité entre leurs Parties, pour que celles de l'un puissent se loger un peu
librement dans les Interstices de l'autre.

Enfin, je tâche de faire comprendre: Que tous les Phénoménes de la Chymie,
peuvent découler de ces deux Considérations, combinées avec celles qu'on a vuës dans
le Chapitre premier.

CHAPITRE QVATRIÉME.
Recherche du Méchanisme du second Phénoméne.

L'Attraction que les Corps solides exercent sur la Lumiére; n'est-pas uniquement
proportionnelle à leur Densité (Newtoni Optices Liber 2^{dus} Pars 3^{tia} Prop. 10ma);
elle n'est pas la même sur les différentes parties de la Lumiére; & la diversité des
Verres, y introduit encore de nouvelles variétés. Cependant, cette Attraction s'exerce
ad distans. Donc, il y a dans les Attractions, des Inégalités indépendantes de la
Congruence des Surfaces. Donc il faut chercher la Cause de ces Inégalités, dans celle
des Fluides qui servent d'Intermide à l'action mutuelle des Corps. Et la diversité
d'action de ces Fluides, selon la diversité des Corps; ne peut dépendre que de la
diversité de leurs Pores. Je m'attache donc d'abord, à découvrir: Quelles doivent être
les Affections, tant absoluës que respectives, des Pores de deux sortes de Corps, & des
différentes Particules d'un Fluide; pourque (choses d'ailleurs égales) deux corps

6

...la première espéce, ou deux Corps de la seconde ; soyent poussés l'un vers l'au-
"tre avec plus de force, qu'un Corps de la premiére espéce & un de la seconde. –
Et je trouve : Que les Corps d'une même Couple, devant être traversés successive-
par les mêmes Courants ; telle devoit être la Ressemblance ou la Diversité de
leurs Pores ; qu'un Corps d'une espéce, arrêtât une plus grande quantité de Matiére
quand cette Matiére avoit déja traversé un Corps d'une autre espéce, que quand
elle avoit traversé un Corps de même espéce que lui.

Ensuite suivant ma Méthode favorite, l'Exclusion : Je rejette les Différences
de Perméabilité que peut-introduire dans les Corps, la Diversité des Pores, –
quant à leurs Sinuosités, leurs Dispositions & leurs Figures : Et je m'en-tiens,
à la Diversité des Pores, quant à leur Nombre & à leur Diamétre. Diversité
qui peuvent se compenser mutuellement ; quand il est question des Courans qui
frayent deux Corps de façon à les approcher : Mais, qui ne se compensent pas
de même, dans les trois Couples (dont l'une, par exemple, est de deux Particules
d'Eau ; une autre, de deux Particules d'Huile, & la troisiéme, de deux Particules
l'une d'Eau l'autre d'Huile) ; quand il est question des Courans qui tendent à
écarter un Corps de l'autre après avoir traversé celui-ci.

Après cela : Je démontre le Théorème suivant ; j'en donne d'autres Exemples
en Nombres ; & j'y joins sans Démonstration, quatre Théorèmes généraux sur le
même sujet.

Théorème. » Supposons : Que chaque Goutte d'Eau isolée, arrête
» indistinctement, la septiéme partie de tous les Corpuscules qui y abordent ; que
» chaque Goutte d'Huile isolée, arrête la cinquiéme partie de la moitié la plus
» grossiére du Courant qui y aborde ; & que ces mêmes Gouttes d'Huile, arrêtent
» la trente -cinquiéme partie de la moitié subtile.

» Je dis : Que la Tendance d'une Goutte d'Eau vers une Goutte d'Huile,
» ou d'une Goutte d'Huile vers une Goutte d'Eau ; ne sera que les quatre -cinqui-
» =mes, de celle de l'Eau vers l'Eau, ou de l'Huile vers l'Huile.

CHAPITRE CINQUIÉME.

Pensées pour perfectionner la Table des Affinités.

C'étoit là un des Objets de l'Académie. M^r DE LIMBOURG, l'a très bien rempli; & n'a pas touché au Méchanisme. Moi, qui ne sais de Chymie, que ce qu'il en faut savoir pour ne pas me méprendre sur les Loix dont je dois rendre raison; je n'ai rien ajouté d'important à la Table de Mr GEOFFROY.

CHAPITRE SIXIÉME.

Démonstration de quelques Théorèmes.

Je renvoye à ce Chapitre, les Calculs algébriques; qui auroient effrayé les Chymistes, s'ils les avoient trouvés dans les autres chapitres. En voici un énoncé.

<u>Théorème</u>. « Quand deux Particules de matière, égales en volume & en densité; sont plongées dans un Fluide, de Densité uniforme, mais plus grande ou plus petite que la leur: Elles tendent à s'approcher l'une de l'autre, avec une Force, proportionnelle au Quarré de la différence de ces Densités; & par conséquent, jamais négative. »

Suivent de nombreuses ADDITIONS ET CORRECTIONS, postérieures au Terme prescrit pour le Concours, & par conséquent mieux travaillées. Entr'autres, il y en a une, sur l'Elasticité; Une, sur quatre façons de concevoir l'immense Rarité des Corps, différentes de celle qu'a exposée Mr NEWTON à la fin de la 8me Prop. de la 3me Partie du 2^d Livre de son Optique. Cette dernière Addition, a demandé quelques adresses de Calcul. J'en dis autant; de celle qui examine, les Nombres, Dispositions & Grandeurs, de deux sortes de Cavités, & de deux sortes de Passages, qui se trouvent dans des Amas de Sphéres égales. D'autres Additions, lèvent plus pleinement, les Difficultés qu'on pourroit opposer à mon Méchanisme

de

de la Gravitation. D'autres; contiennent plusieurs nouvelles Preuves, de la Gravité des Corpuscules ultramondains; dont quelques-unes, sont tirées des Causes finales. Une autre, montre: Que la véritable Dépense de Force centrale, n'est pas plus grande, dans les Courbes polygones, que dans les Courbes rigoureuses. Une autre, prouve par des Faits; que l'Action instantanée de la Pesanteur, n'est pas Infiniment petite. Deux autres; donnent des Exemples mieux choisis, du principal Théorème des Affinités; & indiquent les Arts Diophantiques, par lesquels on peut en trouver autant qu'on voudra, qui seront rationnels & commodes. Quatre autres; démontrent des Théorèmes généraux, avancés sans Preuve dans le Chapitre quatrième. Quelques-unes; donnent secondes Démonstrations par Discours, de quelques Lemmes ou Théorèmes; qui avoient été déjà démontrés symboliquement, dans le Chapitre sixième.

J'omets tous les petits Morceaux.

J'ai presque oublié, d'avertir le Lecteur, de deux choses. Premièrement: Que je suppose une Égalité & une Ressemblance presque parfaites, dans les Élémens des Graves; c'est-à-dire dans leurs Particules imperméables au Fluide gravifique. Et en second lieu: Que, depuis 1759; je ne rapporte plus les Attractions chymiques, à l'Action immédiate du Fluide gravifique; mais à un autre Fluide discret, beaucoup plus grossier; dont chaque Particule tient son Agitation de l'Inégalité des Chocs du Fluide gravifique sur ses différentes faces.

Ce Fluide secondaire, presque aussi grossier que l'Air; est un de mes nouveaux Fluides élastiques, dont je parle à la page 62me; & il ressemble beaucoup à ceux que Mr Daniel BERNOULLI a examinés, dans la 10me Section de son Hydrodynamique.

ESSAI
DE
CHYMIE MECHANIQUE.

CHAPITRE I.

PREMIER PHENOMENE, ET SES CONSE-QUENCES GENERALES.

§ I. **P**HÉNOMÈNE. La plûpart des Corps connus, tendent à se joindre les uns aux autres, lorsqu'ils ne se touchent pas ; & résistent à leur séparation, lorsqu'ils se touchent. Dans les Corps fort éloignés, cette Tendance décroit à proportion de ce que les Quarrés des Distances croissent : Mais, dans les Corps fort voisins, elle décroit beaucoup plus rapidement. Je supprime les détails de cette Observation : Parce qu'ils sont extrêmement connus ; & parce que j'aurai occasion de les rappeller les uns après les autres.

2. Ce Fait, se nomme *Attraction* en général · Mais il prend le nom de *Gravitation* en particulier, quand les Corps sont fort éloignés ; & celui de *Cohésion*, quand ils se touchent immédiatement.

§ 3. Les

A

§ 3. Les Parties des Fluides Elastiques, telsque l'Air & le Feu ; semblent non seulement faire une exception à cette Loi ; mais encore, observer une *Loi* contraire, favoir, de s'écarter les unes des autres, dès qu'elles en ont la liberté; ce qui s'appelle *Répulsion*.

4. Mais on connoit divers moyens de les rappeller à la même Régle. En voici un, que j'ai goûté longtems. L'Huile plongée dans l'Eau, & la Flamme entourée d'Air, tendent à s'éloigner du Centre de la Terre : Mais, c'est feulement, à caufe que l'Eau & l'Air, tendent avec plus de force qu'elles, à s'aprocher de ce Centre : N'en feroit-il point ainfi, des Particules qui compofent les Fluides Elaftiques ? Elles fe fuyent mutuëllement; parce qu'elles font plongées dans certains Fluides, qui fe cherchent avec plus de force.

5. Voici un autre moyen, de concevoir comment une Répulfion peut provenir d'une Attraction. Ce font deux Leviers Hétérodromes recourbés, qui fe préfentent mutuëllement la convexité de leurs coudes : Et où, l'Attraction mutuëlle des maffes (petites, mais pleines & denfes) qui terminent les petits bras (approche imperceptible peut-être, à caufe du peu d'étenduë de leur mouvement), produit un Ecartement très fenfible, dans les maffes (grandes, mais creufes ou rares) qui terminent les grands bras.

6. Je fuis infiniment éloigné de penfer, qu'il y ait dans la Nature, quelque Méchanifme femblable à ceux que je viens d'expofer : Le premier eft trop peu folide (voyez plus bas § 19) ; & le fecond, trop peu naturel. Mais, comme je ne fuis pas actuellement appellé à rendre raifon de l'*Elafticité*, devant cette Académie : Il me fuffit d'avoir montré, qu'il n'eft pas abfolument ridicule, d'efpérer, qu'un jour on pourra la déduire de quelque application particuliére de l'Attraction.

7. D'ail-

§ 7. D'ailleurs : Quand la Régle seroit sujette à exception, & même à de très nombreuses exceptions ; comme j'ai eu soin de le laisser entendre par ce terme *la plûpart* : Elle n'en seroit pas moins un Phénomène, dont un Physicien doit rechercher la cause.

8. PREMIER THEORÉME. L'Attraction que différens Corps exercent sur un même corps, doit être proportionnée à la Densité de ces premiers.

DÉMONSTRATION. L'Attraction qu'exerce le Tout selon une certaine direction, est la somme des Attractions que toutes ses parties exercent selon la même direction.

EXEMPLE. Si la Chaîne & la Trême d'un Tissu, attirent également un certain Corps vers ce Tissu : Tout ce Tissu, doit y attirer ce Corps, deux fois autant que l'auroit fait la Chaîne seule.

9. Si, non seulement, le corps attirant est plus dense, mais que le Corps attiré soit plus dense aussi : La Tendance de celui ci vers celui là, en sera plus forte encore ; puisqu'elle est visiblement la somme des Tendances particuliéres des parties du second corps vers tout le premier.

10. Rapportant donc les Densités de ces deux Corps à une même petite Densité, prise pour unité ou mesure commune : La force de la Tendance du second vers le premier, sera proportionnée, au produit de la multiplication de leurs deux Densités. Si par exemple, le premier corps a 5 degrés de Densité, & que le second en ait 3 : La Tendance de celui-ci vers celui-là, sera 15 fois aussi grande, que s'ils n'avoient l'un & l'autre qu'un degré de Densité. C'est ce que les Géomètres exprimeroient, en disant : Que *l'Attraction est en raison composée des Densités.*

11. Le produit de la multiplication de ces Densités, étant le même, quelle que soit celle qui multiplie l'autre : Il s'ensuit, que les Attractions mutuëlles de deux Corps d'inégale Densité, sont parfaitement égales : Ce qui est un cas de cette grande Loi de la Nature, qui porte que *l'Action & la Réaction sont toûjours égales.*

A 2

§. 12.

§ 12. Le Produit de deux nombres égaux, se nomme *Quarré* de chacun d'entr'eux. Donc: Quand les Denfités de deux particules de matiére font égales, leur cohéfion eft proportionnelle au Quarré de leur Denfité. Donc: Quand un Corps eft compofé de particules d'égale Denfité; fa *Dureté*, chofes d'ailleurs égales, doit être proportionnée au Quarré de fa Pefanteur fpécifique.

13. C'eft auffi ce que l'Obfervation avoit à peu près découvert immédiatement. *Les Corps les plus pefans, font ordinairement les plus durs*: Et, dans les cas où le contraire a lieu; on en aperçoit ordinairement la caufe, dans la figure & la difpofition des parties.

14. Les Particules dont il a été queftion dans ce premier Théorème & fes fuites; ont été cenfées, ou fe toucher immédiatement, ou n'être féparées & environnées à quelque diftance, que par un vuide parfait, ou enfin n'être environnées que de matiére deftituée d'Attraction. Examinons à préfent les altérations que devront fubir les Régles que nous venons de voir, fi cçs Particules font entourées de Matiére plus ou moins *Attractive*: Qu'on me permette ce dernier mot, à caufe de fa commodité; en attendant que j'aye affigné une Caufe intelligible, à l'effet qu'il exprime.

15. SECOND THEORÉME. Quand deux Particules de matiére, égales en volume & en denfité, font plongées dans un Fluide de Denfité uniforme, mais plus grande ou plus petite que la leur. Elles tendent à s'approcher l'une de l'autre, avec une force, proportionnelle au Quarré de la différence de ces Denfités.

La Démonftration générale de ce Théorème, demandant un Calcul Algébrique; langage que les Chymiftes ne font pas tous obligés d'entendre: Je la renvoyerai à un Chapitre uniquement deftiné à de tels Calculs. Voici, en attendant, un Exemple, qui en pourra faire un peu fentir la vérité.

§ 16. Quand

§ 16. Quand deux particules égales, de Sel marin ou de tout autre Corps, de la figure d'un Cube ou d'un Dé à jouer, nagent dans l'Eau, sans se toucher ; douze faces de sel, touchent douze pareilles faces d'eau : Au lieu que, quand ces particules sont appliquées l'une à l'autre, cela n'a lieu qu'à l'égard de dix faces ; les deux autres faces de sel, se touchant mutuellement ; & y ayant aussi quelque part, deux pareilles surfaces d'eau, qui ne se touchoient pas dans le premier cas, & qui se touchent dans le second. Il s'agit donc de prouver : Que quand deux Contacts du sel avec de l'eau, sont changés en deux autres Contacts de pareille étendue, dont l'un est de sel avec du sel, & l'autre de l'eau avec de l'eau ; le terme auquel tend l'Attraction, est mieux rempli qu'auparavant.

Pour cet effet : Supposons, que la densité du sel est triple de celle de l'eau ; de sorte que (§§, 8, 9 & 10), le sel s'attache à l'eau, trois fois autant que l'eau à l'eau ; & que le sel s'attache au sel, trois fois autant qu'à l'eau, c'est-à-dire, neuf fois autant que l'eau à l'eau. Donc, les deux Adhérences, qui étoient chacune de trois degrés dans le premier cas, ce qui fait 6 degrés en tout ; seroient changées dans le second cas, en deux autres Adhérences, l'une de 9 degrés, & l'autre d'un seul, ce qui fait 10 degrés en tout. Donc, ces particules tendront à passer, de la première de ces situations, dans la seconde ; puisque celle-ci, satisfait mieux de 4. degrés, à l'effort que fait l'Attraction pour augmenter la somme des Adhérences.

17. C'est en partie à cette cause, en partie aux loix générales de l'Hydrostatique, & en partie à d'autres causes que je développerai ci-dessous, que sont dûs les Phénomènes suivans. La crystallization des sels dans l'eau ; la génération du tartre dans le vin, & celle des pierres dans l'Urine comme dans la Bile ; la formation du crystal de roche ; l'incrustation des canaux ; & généralement la production de toutes les Pétri-

 fications

...cations qui fe font dans les fluides par juxtappofition.

§ 18. On remarquera : Que le réfultat du § 16, auroit lieu ; fi les particules du Sel avoient été fuppofées trois fois plus rares que celles de l'Eau. Ce qui pourra faire comprendre la vérité du Corollaire fuivant, aux perfonnes que leur profeffion n'a pas appellées à fe mettre au fait des termes ufités dans l'Analyfe.

.19. Comme le Quarré de toute Quantité Réelle eft Pofitif, lors même que cette Quantité eft négative. Il fuit de nôtre fecond Théorème : Que, *quel que foit le Raport qui régne entre la Denfité d'un Fluide, & celles des Particules qui y font plongées ; jamais ces Particules ne tendront à s'éloigner les unes des autres.*

20. Cela fait toucher au doigt, la fauffeté de l'opinion où j'ai été pendant plufieurs années, fur la caufe de certaines *Répulfions* mutuëlles de particules, que j'ai expofée dans le § 4. Et je facrifie avec plaifir à cette évidence, tout le parti que j'avois tiré autrefois (dans mes manufcrits) de cette prétenduë caufe ; pour expliquer tous les Phénomènes des Fluides Elaftiques, & mille autres par leur moyen.

21. Pour peu qu'on veuille preffer la comparaifon fur laquelle je m'appuyois, on y verra des difparités effentielles, je l'avouë. Mais, où eft le jeune Phyficien, qui ne fe croira pas difpenfé d'examiner fcrupuleufement la folidité d'une Analogie de fon invention ; quand il trouve jufqu'à trois fois , dans les écrits du Grand Newton *, la même opinion, appuyée de

la

---

* In omni *folutione per Menftruum: Particulæ folvendæ, magis attrahuntur a partibus menftrui, quàm à fe mutuò. NEWTONI cogitationes variæ;* qu'on trouve dans la Préface du Dictionnaire de Harris. *Quemadmodùm Globus Terræ, per vim Gravitatis attrahendo aquam fortiùs quàm corpora leviora ; efficit, ùt leviora, afcendant in aqua, & fugiant de terra. Sic, particulæ falium, attrahendo aquam, fugant fe mutuò ; & ab invicem quàm maximè recedendo, per aquam totam expanduntur.*
NEW-

la même Analogie ; & qu'il la rencontre fous le nom de Théorème, dans les écrits de quelques Géomètres † ?

§ 22. TROISIEME THÉOREME. Si un Corps contient beaucoup plus de vuide que de plein. L'Attraction qu'exerceront
quelques-unes de fes parties, fur un Corps qui le touchera o'u
qui en fera fort voifin ; pourra l'emporter confidérablement,
fur celle qu'exercera fur le fecond corps, tout le refte de ce premier, ou même fur celle qu'y exercera le Globe Terreftre tout
entier.

DÉMONSTRATION. Quelle que foit l'Inégalité des Maffes ;
elle peut être furpaffée, par l'Inégalité des Denfités, combinée avec celle des Diftances. L'Exemple particulier qui va
fuivre (§ 26), le fera fentir affurément. Mais on pourroit
même le comprendre, par les feules confidérations fuivantes.

23. La Denfité des Murs d'une Maifon, eft plus grande
que la Denfité moyenne de la Maifon : Parce que, dans le
Volume de cette derniére, on ne comprend pas feulement les
Murs, mais auffi les Efpaces d'entre-deux.

Il

NEWTONUS, de Naturâ Acidorum ; dans la même Préface. *Si fal
quivis, vel vitriolum, parvâ admodum portione diffolvatur in multa aqua :
Particulæ falis vel vitrioli, non utique ad imum fedent, licèt fpecificè gra-
viores fint quàm aqua : Sed, diffundunt fe æquabiliter ; per totam aquam ;
ità ut illa æquè falfa futura fit, a fummo, ac ab imo. An non hoc indi-
cat, partes falis vel vitrioli, à fe mutuò recedere, & fefe expandere co-
nari quaquaverfùs ; tamque longè a fe invicem fejungi, quàm patitur a-
qua in qua innatant fpatium ? Et annon conatus ifte, oftendit, utique
habere eas vim quandam repellendi, quâ a fe invicem diffugiunt ? Aut fal-
tem, fortiùs eas aquam attrahere, quàm femetipfas mutuò ? Etenim : Quemadmodùm, corpora illa omnia, in aqua afcendunt ; quæ, telluris gravitate
minùs funt attracta, quàm eft aqua ipfa : Ità, omnes falis particulæ quæ
in aqua innatant, minùfque ab una qualibet falis particula funt attractæ.
quàm eft aqua ipfa ; recedunt neceffe eft a particula illa, & aquæ fortiùs attractæ locum dent. NEWTONUS in 31ma. Quæftionum poft Opticam.*

*† Johannis Keil, Attractionis Leges, Theor. 23 & 28. Jacobi-Keilii,
Tentamen de Secretione animali, Prop. 8.*

Il en est de même des Cloisons qui séparent deux Trous d'une Pierre-ponce: Elles sont plus denses que l'Eau; quoique le Bloc d'où on les a tirées, fût plus rare que l'Eau: Les Cloisons subalternes qui se trouvent dans ces cloisons, sont infailliblement plus denses encore: Et ainsi de suite, jusqu'aux Parties entiérement exemtes de Pores.

§ 24. Or, s'il y a de la sorte, plusieurs Ordres successifs de Cloisons; & que dans chaque Ordre, la moitié du volume soit occupée par des Pores aussi grands que les Cloisons de l'ordre suivant: La quantité réelle de Matiére, ne sera que la moitié, le quart, la $\frac{1}{8}$, la $\frac{1}{16}$, &c. de tout le volume. Dix semblables ordres, par exemple; feront que la Masse ne sera que la $\frac{1}{1024}$ partie du volume. C'est la façon dont Mr. Newton conçoit que les Corps sont composés; à la fin de la 8ᵉ. Prop. de la 3ᵉ. Partie du second Livre de son Optique: Où, cette composition est précédée de preuves très fortes, de la prodigieuse Rareté des Corps. Il y a, au reste, plusieurs autres façons, de concevoir cette immense Rareté, & de prouver qu'elle a lieu dans la Nature.

25. On jugera aussi; que l'Inégalité des Masses; doit être en grande partie compensée par celles des *Distances*, lorsqu'il s'agit de Corps qui se touchent ou peu s'en faut: Si l'on fait attention; que dans les Corps Sphériques au moins, la vertu Attractive, doit être conçuë réünie au Centre; & agir depuis là, avec une force d'autant plus petite, que le Quarré de cette Distance du Centre est plus grand. Mais, venons à l'Exemple que nous avons promis.

26. Deux Boules de même Densité, dont les parties s'attirent en raison inverse des Quarrés des Distances, comme nous avons observé (§ 1.) que cela avoit lieu; attirent un Corps, placé à des Distances de leurs surfaces qui soient entr'elles directement comme les diamètres des Boules, en raison simple de leurs diamètres. (*Newtoni Princip. Lib. I. Prop.* 72.)

Si

-Si donc, le Diamètre du Globe Terreſtre, eſt de 470 millions de pouces ; & que celui d'une certaine Particule, ſoit la $\frac{1}{2128}$ partie d'un pouce; de ſorte que l'un, ſoit un Billion (un million de millions, ſelon le langage de Mr. Wolff) de fois plus grand que l'autre. Cette Particule, attirera une autre Particule, qui en ſeroit un billion de fois moins èloignée que l'Obſervateur n'eſt èloigné de la ſurface de la Terre ; avec la billionième partie de la force dont la Terre attire cette dernière ; c'eſt-à-dire, avec la billionième partie du Poids de celle-ci. Pourvû, au moins, que la Denſité de la Terre, ſoit égale à celle de la première Particule.

Mais, ſi la Denſité moyenne du Globe Terreſtre, eſt mille billions de fois plus petite que celle de la première Particule. La ſeconde Particule, ſera retenuë vers cette première, avec une force mille fois plus grande que ſon propre Poids. C'eſt-à-dire; Qu'elle ne pourra en être dètachée; que quand le poids de mille autres particules, ſe joindra au ſien, ſans que leur Cohèſion ſe joigne à la ſienne. Cette Cohèſion, ſera donc en ètat, de ſoutenir le Poids d'une colomne verticale, haute des $\frac{1000}{2128}$ d'un pouce; environ demi-pouce. Ce qui eſt plus que ſuffiſant, pour expliquer la ſuſpenſion d'une goutte de Liqueur, à l'extrèmité inférieure d'un Corps.

Et ſi la Denſité de nôtre Globe, eſt dix-mille fois plus petite encore; c'eſt-à-dire, dix Trillions (dix millions de billions) de fois moindre que celle de la Particule ſupèrieure ou attirante. La Particule inférieure ou attirée; pourra ſoutenir le Poids d'une Colomne verticale, dix mille fois plus longue encore, ou de 4700 pouces. Ce qui eſt plus que ſuffiſant, pour expliquer la Cohèſion des Corps les plus Durs. Car, il n'y auroit, je penſe, aucun fil de mètal de cette longueur; qui ne rompît; s'il étoit ſuſpendu verticalement par ſon extrèmité ſupèrieure, ſans repoſer ſur rien par ſon extrèmité inférieure.

B

Or;

Or, comme dix trillions, font la 63ᵉ puiſſance du nombre 2. Il s'enſuit: Qu'il y aura dans le Globe Terreſtre, 63
Ordres de Pores (pareils à ceux du § 24) de plus que dans
la Particule en queſtion.

§ 27. On peut dire de même, du Corps attiré; que ce
font preſque uniquement ſes parties les plus voiſines du Corps
Attirant, qui contribuent à l'entrainer vers celui-ci. Et comme tout le reſte de ce Corps Attiré, rèſiſte à ce dèplacement,
par ſon Inertie: Il s'enſuit; que la viteſſe de tout le corps,
ſera ſi foible, qu'elle ne ſera pas en ètat de ſurmonter les obſtacles qui proviennent du Frotement des Solides & de la Viſ-
coſité de l'Air ou d'autres Fluides. Ce qui fait comprendre,
pourquoi, les Corps un peu conſidèrables, ne s'approchent
point les uns des autres, comme font les Corps bien petits.

28. Il n'eſt donc pas néceſſaire; comme l'avoit cependant
crû Mr. Newton, & après lui tous ſes Echos; d'imaginer une
Attraction, diſtincte de la Gravitation univerſelle, & ſoumiſe
à d'autres Loix; pour rendre raiſon de la ſupériorité de la Co-
héſion ſur la Peſanteur.

29. Quatrieme Theoreme. Quand deux Particules, de
même ou de différente matière, nagent dans le même Fluide; & que, compenſation faite de leurs Denſités & de celle
de ce Fluide, elles tendent à ſe joindre. Elles ſe joignent, par
la plus grande ſurface poſſible.

Demonstration. On peut appliquer à chaque degré d'Augmentation de la ſurface d'attouchement, ce que nous avons dit
ci-deſſus, de la ſimple aproche de deux Particules entières: ſavoir; que la ſomme des Cohèſions, ètant plus augmentée que diminuée, par une pareille Augmentation; cette Augmentation aura
lieu. Cette dernière conſèquence, dèrive: Tant de ce que l'Attraction, ne ſe termine pas rigoureuſement aux portions de ſurface qui ſe touchent dèja : Que, de ce que l'Agitation du Fluide, qui tend alternativement à augmenter & à diminuër la ſur-

ſace

face d'attouchement; trouvant plus de facilité à venir à-bout du premier de ces effets que du fecond; il en doit refulter enfin, une Augmentation plutôt qu'une diminution.

§ 30. Mais, cet effet n'aura lieu; que quand les différentes portions d'une des deux furfaces, pourront s'appliquer fucceffivement, à une même portion de l'autre furface. Et il faut pour cela: Que ces deux furfaces foient Planes: Ou que fi elles font Courbes; elles foient 1°. de deux Courbures femblables en gros; 2°. du même degré de Courbure; 3°. de ces Courbures feulement, dont toutes les parties font femblables en détail dès-lors qu'elles font ègales en ètenduë. Or, cette derniére condition, ne fe rencontre, que dans les cylindres & les cones droits, les fphères & les fphèroïdes, tous les folides formés par la rèvolution circulaire d'une Courbe quelconque, & tous ceux qui font formés par la rèvolution *Helicoïde* d'une Ligne quelconque: J'entens par *Helice*, ou *Vis*; la Courbe à double courbure, qui tourne autour d'un Cylindre droit, en avançant parallèlement à l'axe en raifon de ce qu'elle avance angulairement.

31. C'eft dans ce Thèorème; qu'il faut puifer la vèritable caufe de la règularité des *Cryftallifations*. Car, deux furfaces planes, égales & femblables, ne fe touchent en autant de points qu'il eft poffible; que lorfqu'elles font enfin appliquées tout-à-fait fymmètriquement l'une fur l'autre: De forte que, c'eft feulement quand elles feront parvenuës dans cette pofitionlà; qu'elles cefferont de glifler en divers fens l'une fur l'autre.

32. CINQUIEME THEOREME. „ Toutes les fois que deux „ fubftances, qui ont quelque difpofition à fe joindre l'une avec „ l'autre; fe trouvent unies enfemble. S'il en furvient une troi„ fième, qui ait plus de Raport avec l'une des deux: Elle s'y „ unit; en faifant lâcher prife à l'autre,„ Mèmoires de l'Acadèmie des Sciences de Paris pour 1718.

La Dèmonftration, en feroit la même, à de legers change-

mens près, que celle des Thèorèmes 2 & 4. Mais, elle seroit trop longue pour être insèrée ici ; si je voulois y employer
tout l'appareil Gèomètrique.

§ 33. Je dois avertir seulement : Que, pour ne pas sortir de
l'objet de ce Chapitre ; où je n'ai aucun ègard à la diversité qui
peut règner dans les Corps, par raport à leur nature intime :
Je n'entens ici, par *Disposition* ou *Raport* ; que plus ou moins
de Densité, plus ou moins de Ressemblance dans la figure des
surfaces, & plus ou moins de Poli dans ces mêmes surfaces.

34. Sixième Theoreme. Lorsque les Parties d'un Fluide,
sont plus petites que les Interstices d'un autre Fluide : Ces
Fluides, appliqués l'un à l'autre, se pènètreront mutuëllement,
jusqu'à *Saturation* ; c'est-à-dire, jusqu'à-ce que ces Interstices
soient tous remplis, ou qu'il n'y ait plus rien pour les remplir.
Et cela arrivera, lors même que ces Parties seront un peu plus
grandes que ces Interstices : Pourvû que l'Ecartement qu'elles
seront obligées de causer dans les Parties du Fluide grossier,
n'empêche pas que la somme des Volumes qu'occupoient ces
deux Fluides avant leur mêlange, ne soit un peu diminuée.

Demonstration. L'Attraction, tend à rassembler toutes
les parties du mêlange, sous le plus petit volume possible.
Donc : Toutes les situations de parties, qui favoriseront la
diminution de ce volume ; seront plus difficiles à dèranger,
que celles qui en favoriseront l'augmentation. Donc : Au bout
de quelque tems ; l'Agitation (qui ne manque jamais d'avoir
lieu dans les Fluides, ne fût-ce qu'à cause d'un peu de chaleur) les aura amenés dans la situation mutuëlle où ils occu-
pent le moins de place.

35. Il paroit, que cela arrive à l'Eau ; quand on la mêle
avec de l'Esprit de vin bien rectifié, ou de l'Huile de Vitriol
bien concentrée, ou avec des Sels bien secs. Le Mêlange, de-
vient fort intime : La somme des volumes, est diminuée : Et
la Pesanteur spècifique, est par consèquent augmentée.

On

On fait auſſi, que l'Etain, quoique plus leger que le Cuivre; augmente cependant la Peſanteur ſpècifique de celui-ci: Comme Mr. Hook l'a fait voir à la Societé Royale de Londres.

Au reſte: L'application que nous venons de faire de ce Mèchaniſme, à la Diſſolution des Sels dans l'Eau; me paroit devoir nous diſpenſer, de chercher ailleurs, la cauſe du Phènomène en faveur duquel Mr. Newton avoit imaginé ce qu'on lit dans ma première note ſur le § 21.

§ 36. S'il y avoit, dans les Interſtices du Fluide groſſier, de l'Air, du Feu; ou quelque autre Fluide peu denſe: Il en ſeroit chaſſé par le Fluide ſubtil; & produiroit ce qu'on appelle des *Efferveſcences*; ſuivies communément d'un *Coagulum*, à cauſe de l'augmentation des points de Contaſt.

37. Mais, il ne doit rien arriver de pareil; quand on verſe l'une ſur l'autre, deux Liqueurs, dont les Parties ſont ègales ou peu s'en faut; quelque Tendance qu'elles euſſent d'ailleurs, à s'aprocher & à ſe pènètrer. Parce que, les Pènètrations qui avoient pû ſe faire, ſe ſeroient déja exécutées entre les deux moitiés de chacune de ces Liqueurs à part; Et que, toute autre Pènètration, ne tendroit point à diminuër le volume total.

38. Ayant calculé, le Volume de la plus grande Sphèrule qui puiſſe ſe loger librement dans les plus grands interſtices d'un monceau de Sphères ègales: J'ai trouvé, qu'il ètoit environ la $\frac{1}{14}$ partie, de celui d'une de ces dernières.

Si le Monceau contenoit dèja des Sphères inègales: Les Interſtices, en auroient été bien plus petits; & Il auroit fallu une bien plus grande diſproportion, entre la groſſeur des Sphères & celle des Sphèrules; pour que celles-ci, euſſent pû ſe loger librement dans les interſtices de celles-là.

CHAPITRE II.

RECHERCHE DU MECHANISME DU PREMIER PHENOMENE.

§ 1. TOutes les fois que nous avons èté à portée, d'observer la caufe du changement d'ètat d'un Corps; nous avons trouvé, que c'ètoit l'Impulfion immèdiate de quelque autre Corps (telle eft, par exemple . l'Afcenfion de l'Eau dans les Pompes, par la Preffion de l'Air). Donc; l'Analogie la plus rigoureufe, doit nous faire conclurre: Que, là où nous n'avons pas èté à portée d'obferver la caufe de femblables changemens d'ètat ; elle confiftoit auffi, dans l'Impulfion immèdiate de quelque Matière. Donc, l'Approche mutuèlle des Corps vifibles, eft duë à l'Impulfion immèdiate de quelque Matière invifible.

2. Cet argument, tire fa force, de cet axiome: *Les Effets femblables, proviennent de caufes femblables*; vû que, toute Reffemblance, doit avoir quelque Raifon fuffifante de fon exiftence. Mais, le Raifonnement lui-même, a befoin de quelques petits Eclairciffemens.

3. 1°. Par ces mots, *changement d'état*; j'entens: Le paffage du Repos au Mouvement, ou du Mouvement au Repos; l'Accèlèration ou le Rallentiffement; enfin, un changement de Direction, ou brufque (& par confèquent angulaire), ou nuancé (& par conféquent arrondi).

2°. Après le témoignage actuel de nos propres fens, qui fe borne à très peu d'objets individuels; nous n'avons aucune preuve de ce qui fe paffe hors de nous, plus forte que l'eft l'*Analogie*. Si quelcun, n'y ayant pas bien rèflèchi; doutoit un peu de la confiance entière que nous donnons à ce genre de

preu-

preuve , dans les chofes qui importent le plus à nôtre bonheur ; je le prierois, de lire, ce que dit à ce fujet Mr. s'
Gravefande , dans le Difcours qu'on a imprimé à la tête de
fes grands Elèmens de Phyfique.

3°. Il faut avouër ; que les Mouvemens volontaires des
Hommes , font dûs à un Etre *Immatériel.*

Mais : Outre qu'ils font en très petit nombre, fi on les compare aux autres Mouvemens qui fe paffent dans la Nature ; on peut
même dire à la rigueur, qu'ils ne font pas exception à ma Propofition : Car ; ils font dûs *immédiatement,* à l'action des Mufcles ;
celle-ci, à celle des Nerfs ; & cette derniére, à celle du Cerveau ; qui font tous des *Corps,* doués de toutes les qualités de
la Matière. Et, quoique l'action du Cerveau , foit duë à un
Etre Immatèriel : Cette vèrité , n'eft pas une Obfervation Phyfique immèdiate, comme font toutes celles dont j'ai prètendu
parler ; mais, une Conclufion èloignée , de quelques Argu-
mens, Mètaphyfiques , Moraux, ou Théologiques.

D'ailleurs : J'entens bien auffi , que le mouvement de la Matière invifible qui produit les Attractions, eft dû pareillement
à l'action primitive d'un Etre immatèriel.

4°. Je fuis furpris que Mr. NEWTON ; qui fentoit fi bien
toute la folidité de l'Analogie, & qui en a tant tiré parti dans
fes Ouvrages ; fe foit fi fort preffé ici, d'en faire l'application
à l'idée creufe de *Force* en gènèral (Etre Mètaphyfique, pour
ne rien dire de pis) ; plutôt que de s'attacher immèdiatement,
au *Genre prochain* de cette Analogie, favoir l'*Impulfion.*

§ 4. La Matière invifible qui pouffe les corps les uns vers
les autres, par exemple les corps pefans vers le Centre de la
Terre ; n'offre aucune refiftance fenfible à fe laiffer *divifer* par
le mouvement horizontal des grands corps ; & elle pouffe vers
ce Centre, de petits Corps très voifins (par exemple, deux
grains de fable, que leur feul poids entraine par les trous d'un
Poudrier), quoiqu'elle ne puiffe pas entrainer ceux qui font

dans

dans l'intervalle qui les sèpare (les grains qui repofent fur les intervalles des trous). Ses parties, peuvent donc fe mou-voir, indèpendamment les unes des autres, avec une grande liberté. Or, c'eft là l'idée que nous attachons au mot *Fluide*. Donc, cette Matière eft un Fluide.

C'eft feulement, parce que la Main eft *divifée* en plufieurs Doigts; quelle peut abbaiffer à la fois, deux Touches d'un Clavecin, fans abaiffer celles d'entre- deux.

§ 5. Pour accèlerer le mouvement d'un Corps dont la vi-teffe eft dèja fenfible; il ne fuffit pas, que le Fluide qui caufe cette Accèlèration, tende feulement à fe mouvoir; mais il faut, qu'il fe meuve lui-même à la pourfuite de ce Corps, avec une viteffe fupèrieure à celle avec laquelle ce Corps ef-quive le coup. Or, l'Accèlèration des Corps pefans, ne ceffe pas; lors même que leur viteffe eft dèja de quelques Toifes par feconde. Donc, la viteffe du Fluide qui les pouffe vers la Terre, eft tout au moins ègale à celle-là.

6. La chûte des Corps pefans, eft dirigée de toutes parts vers un même lieu, le Centre de la Terre: Et on en peut dire autant, de l'Approche de deux gouttes de Liqueur; qui fe fait ègalement, foit que la ligne qui joint leurs centres, ait fa direction du Nord au Sud, ou de l'Eft à l'Oueft, ou du Nord-Eft au Sud-Oueft, &c. Donc, il faut que le Flui-de qui caufe ces Approches, foit de nature, à fe mouvoir ra-pidement, vers un même lieu, en plufieurs fens à la fois, fans fe rallentir fenfiblement par ce croifement de direc-tions.

7. Si toutes les parties de ce Fluide, étoient contiguës; ou même, fi fans être contiguës, elle ne laiffoient entr'elles, que des Interftices plus petits qu'elles: Deux Courans oppofés de pareille matière, s'arrêteroient mutuëllement; &, à plus forte raifon, plufieurs Courans qui s'avanceroient à la fois vers un même lieu. Sans compter, que bientôt, ce Lieu feroit com-blé

blé de ce Fluide; qui par consèquent, ne pourroit plus même y arriver : Nôtre Globe, par exemple, fût-il infiniment poreux, en feroit furchargé depuis longtems, quelques milliers de lieuës à la ronde de fon Centre; de telle forte, que depuis longtems, il n'en pourroit plus pènètrer du nouveau dans les lieux plus proches du Centre que cela, par exemple, à la furface que nous habitons; d'où il s'enfuivroit, que nous n'èprouverions plus de Pefanteur. Donc; les parties du Fluide dont nous cherchons la nature; laiffent entr'elles beaucoup d'interftices plus grands qu'elles. Ce qui indique dèja, qu'elles font *Ifolées*; de façon à pouvoir fe croifer mutuëllement, comme les dècharges de moufqueterie de deux armées ennemies.

§ 8. Si les parties intèrieures de ce Fluide, s'ètoient un jour touchées & gênées mutuëllement : Par une fuite de la dècompofition oblique des Preffions ou des Mouvemens actuels; elles fe feroient bientôt jettées là où elles auroient pû pènètrer, c'eft à-dire, dans les Interftices plus grands qu'elles; jufqu'à-ce qu'il fût arrivé de deux chofes l'une; favoir, ou que ces Interftices fuffent tous comblés, ou que ces parties ne fe gênaffent plus mutuëllement. Or, le premier de ces Effets n'eft pas arrivé (§. prècèdent). Donc, le fecond a lieu; c'eft-à-dire, que ces parties ne fe gênent point mutuëllement.

9. Tout mouvement Curviligne, étant forcé; & tendant perpètuellement à devenir Rectiligne, dès l'inftant que ce qui le gêne fera enlevé : Un pareil mouvement, ne peut pas fubfifter deux inftans, dans un Fluide dont les parties ne fe gênent point, & peuvent s'èchaper ailleurs. Donc, le mouvement de nôtre Fluide, eft actuellement *Rectiligne.*

10. Qu'on me permette d'insèrer ici, une Rèflèxion, qui n'interrompra pas longtems le fil de mes Consèquences.

Les efforts prodigieux des plus grands Phyficiens; pour tirer parti du mouvement *Curviligne*, en faveur de la Gravitation univerfelle; s'étant trouvés fi infructueux jufqu'à ce jour

C

(voyez

(voyez par exemple, l'Incompatibilité des Tourbillons avec les Phènomènes, dans le dernier volume de l'Encyclopèdie, Article *GRAVITATION*). Il est surprenant, qu'ils n'ayent pas fait plus de tentatives, pour appliquer le mouvement Rectiligne aux mêmes Phènomènes. Ils auroient cependant pû y être conduits, ou par une Analyse pareille à celle qu'on vient de voir ; ou par une Analogie bien simple.

La Gravitation, ressemble dèja à la Lumière, auroient-ils pû dire ; en ce qu'elle dècroit comme elle, à proportion de ce que les quarrés des Distances croissent : Ne lui ressembleroit - elle donc point aussi ; en ce que sa Propagation se feroit selon des Lignes Droites ?

D'ailleurs. Quand les suppositions nècessaires pour rendre raison d'un Fait ; peuvent se rèduire à deux Classes : La crèdibilité de l'une, se fortifie, de toutes les atteintes que reçoit la credibilité de l'autre.

§ 11. Une autre Raison, qui auroit bien dû engager les Physiciens, à donner la preference aux Fluides dont les parties se meuvent librement & laissent de grands Interstices entr'elles, sur les Fluides dont les Parties sont pressées les unes contre les autres : C'est que, plusieurs Fluides de différente nature, agissent à la fois dans un même lieu, sans se troubler mutuëllement dans leurs fonctions, au moins à un degré qui soit sensible : Tels sont ceux de la Gravité & des autres Attractions, celui du Magnetisme & celui de l'Electricité (qui même, en font chacun, deux opposés ; selon quelques Physiciens), ceux de la Lumière & de la Chaleur, l'Air, &c. Au lieu que, pour l'ordinaire, uniquement attentifs à la classe particuliére de Phènomènes qui les occupoit dans une certaine Epoque de leur vie ; ils lui ont assigné pour Cause, un Fluide, qui ne laissoit point un jeu libre aux Fluides dont l'existence est nécessaire pour produire les Phènomèmes de tant d'autres genres.

§ 12. Au

§ 12. Au reste, je ne dècide point; si ces Interstices, sont absolument vuides; ou si seulement, ils sont pleins d'un autre Fluide, destitué de toute Resistance sensible.

Les consèquences de ces deux suppositions, seront toutes les mêmes, pour ce que j'aurai à dire. Et je ne prens parti; que quand j'y suis amené par des Faits. Or, je sais bien des Faits, qui prouvent invinciblement, qu'il y a dans l'intérieur & à l'extérieur des Corps, plus ou moins d'intervalles absolument destitués de Resistance, selon que ces Corps, manifestent moins ou plus d'Inertie relativement à leur Volume. Mais je n'en sais point, qui fixent la nature du *Milieu non-resistant* qui occupe ces intervalles.

13. Revenons à nôtre marche Analytique.

Les effets de la Pesanteur & des autres Attractions, se font appercevoir, sans aucune diminution sensible, sous une cloche de verre, sous des Toits, & même sous la voute la plus épaisse. Cependant: La Matiére qui les produit, se mouvant en Ligne Droite; elle doit avoir traversé ces obstacles. Donc: Et cette Matiére est fort subtile; & ces obstacles sont fort Poreux.

14. Ce n'est point ici le cas, si frèquent ailleurs; où, de deux Consèquences, il n'est permis d'en tirer qu'une à la fois, ou même seulement une alternative indèterminée.

Une Matière qui se meut en Lignes Droites, auroit beau être Infiniment subtile; il n'en passeroit jamais davantage au travers d'une Lame criblée de Trous, qu'en Raison, de la somme des Ouvertures seules, à toute la surface de la Lame. Il faut donc; que la somme de ces Ouvertures, soit réellement fort grande (relativement à la surface qui comprend & les ouvertures & les barreaux); pour que la Matière en question, puisse y passer presque toute.

15. Voici une autre Preuve de cette double Verité; ou plutôt, la même Preuve envisagée dans des Phènomènes diffèrens.

1°. Les

1°. Les parties d'un Corps Terreſtre, ne pèſent pas ſenſiblement davantage, quand elles ſont èparſes, & par conſèquent toutes immèdiatement expoſées au Fluide qui les pouſſe vers la Terre que quand, leur Rèunion, fait que les ſupèrieures, dèrobent aux infèrieures, une partie du Fluide qui auroit frapé celles-ci. 2°. La Gravitation des Corps Cèleſtes les plus inégaux, eſt ſenſiblement proportionnée à leur quantité de matière (voyez les Principes de NEWTON, Livre 3, Prop. 6.); quoique le milieu des gros, ſoit moins expoſé aux coups de la Matière Celeſte, que le milieu des petits.

Or, cela ne peut ſe faire; à moins que, les couches ſupèrieures de ce Corps Terreſtre, & les couches extèrieures des plus grands Corps Cèleſtes, n'interceptent beaucoup moins de Corpuſcules, qu'elles n'en laiſſent paſſer.

Donc, encore une fois; ces Corpuſcules ſont fort petits; & ces Couches ſont fort Poreuſes.

§ 16. Il ne faut pas apprèhender; que des Corps ſi Poreux, donnant moins de priſe aux Impulſions de la Gravité; ils viennent à en recevoir moins de Viteſſe. Car, d'un autre côté, il y a auſſi d'autant moins de Matière à tranſporter. Les Trous, il eſt vrai, ne ſont pas pouſſés; mais, ils n'ont pas beſoin de l'être.

17. Des Corpuſcules Iſolés, très ſubtils, qui ſe meuvent en ligne droite, dans un grand nombre de ſens diffèrens, & qui rencontrent des Corps fort Poreux. Voilà donc la ſeule façon dont peut exiſter la Cauſe matèrielle des Attractions. Et c'eſt par des conſèquences rigoureuſement dèduites des Phènomènes, que nous avons dècouvert la nature de cette Cauſe; ſur laquelle nous ferons encore bientôt quelques Recherches.

18. Il eſt vrai; que nous ſommes preſque toûjours partis, des Phènomènes de la Peſanteur, plutôt que de ceux des Attractions

tractions qui s'exècutent à de petites Diftances. Mais, ce n'a èté que par raifon de commodité ; & parce que leur regularité & leur ètenduë, donnoient plus de prife à nos recherches.

On peut aller à la dècouverte d'une vèrité, par les routes qu'on juge à propos ; pourvû qu'on foit bien rèfolu, de vèrifier la folidité de cette Decouverte une fois faite, en envifageant cette vèrité fous toutes fes autres faces : Et c'eft auffi, ce que je prètens bien mettre en exècution.

§ 19. Les Gèomètres, fe font affez occupés jufqu'à prèfent, des Fluides *Continus* ; qui forment un *Plein* parfait ou prefque parfait, dont cependant prefque perfonne ne croit plus guères l'exiftence : Pour qu'il foit tems enfin, de confidèrer auffi les Fluides *Difcrets* ; qui doivent avoir lieu dans ce *Vuide* prefque parfait dont les Phyficiens fe perfuadent tous les jours davantage.

20. Les mêmes Philofophes, fe font affez occupé, des folides parfaitement *Impermeables* ; quoiqu'on fache bien, qu'aucun des Corps Perceptibles n'eft dans ce cas : Pour qu'il foit tems auffi, d'examiner ce qui arrive aux Solides Poreux, & *Permeables* à divers Fluides ; ce qu'on fait être le cas de tous les Corps qui tombent fous nos fens.

21. Mr. NEWTON, a bien confidèré, il eft vrai, des Fluides *Difcrets*, dans le commencement de la 7e. Section du 2e. Livre de fes Principes ; & cela, fous les noms de Fluides *Rares* ou *non - Continus*.

Mais 1°. Il ne les envifageoit qu'en Repos : Et, il eft vraifemblable, qu'ils font fouvent en Mouvement. 2°. Il les fuppofoit ordinairement doués d'une Vertu Rèpulfive : Et, il y a encore beaucoup de confèquences intèreffantes, à tirer de leur Inertie feule. 3°. Son principal deffein, ètoit d'en venir enfin, à calculer commodément, les Rèfiftances des Fluides Continus : Et, la confidèration des Fluides Difcrets ; terminée à cette ef-

C 3

pèce

pèce de Fluides ; offre encore matière à une Théorie aussi cu-
rieuse qu'utile. 4o. Enfin : Il ne faisoit attention, qu'au rapport de leur Densité à celle des Solides qui y font plongés :
Et, on doit avoir égard encore, au rapport de leur Diamètre avec celui des Pores de ces solides.

§ 22. Il est vrai encore : Que plusieurs Physiciens, ont
examiné aussi, les effets qui resultoient, du passage plus ou
moins libre, que les Pores de certains solides accordent à
certains Fluides.

Mais : Ils n'avoient ordinairement en vuë, que l'explication
de certains Phènomènes particuliers ; auxquels même ils plioient
souvent leurs Hypothèses : Ils y faisoient plus d'usage de leur
Imagination que de leur Entendement : Ils n'apprècioient rien
à l'aide de la Gèomèttie & du Calcul ; ou ils en faisoient des
Applications si arbitraires & si vicieuses, qu'il auroit mieux va-
lu n'y pas toucher du tout : Enfin, je doute, qu'aucun d'entr'eux, ait examiné à cet égard ; des Fluides dont le mouvement fût Rectiligne.

23. Je crois donc, qu'il ne seroit point inutile à l'avan-
cement de la Physique, d'examiner aussi, ce qui doit arriver
à deux Corps Poreux, placés à une Distance Finie l'un de
l'autre, & exposés à l'Impulsion d'un Fluide Discret, dont les
mouvemens font Rectilignes, & se croisent en mille sens différens.

24. D'autant plus ; qu'une Secte fameuse dans l'Antiquité,
a taché d'expliquer tous les Phènomènes, à l'aide d'un pareil
Fluide, sous le nom d'*Atomes*.

25. D'ailleurs ; on a quélque lieu de penser, que la Lumière se meut de la sorte : Et peut-être même aussi, le Feu
élementaire, qui a dèja tant de raports avec elle.

Or, ces deux Fluides ; jouënt un assez grand rôle dans l'U-
nivers ; pour qu'on ne doive rien nègliger, de ce qui peut
tendre à èclaircir leur façon d'agir sur les Corps.

§ 26. La

§ 26. La proprieté la plus remarquable d'un pareil Fluide: C'est la double Loi selon, laquelle il rallentit le mouvement d'un Corps; selon que sa vitesse en deux sens opposés,
est inférieure ou supérieure à celle de ce Corps.

Dans le premier cas: La quantité de mouvement que perd
ce corps en un tems donné; est proportionnelle, à la somme
de ces deux vitesses. Dans le second cas: Cette perte, est
proportionnelle, au double de la vitesse propre du corps;
sans aucun égard, au plus ou moins d'excès de la vitesse du
Fluide sur celle-là.

Bien entendu; que dans l'un & l'autre cas, on ne compte
pour vitesse du Fluide, que la portion de cette vitesse parallèle à la direction du Corps; & qu'on suppose donnée, la
quantité de matière qui fait un trajet donné dans un tems
donné.

27. Tout cela, découle si evidemment, de l'Axiome, que
les Corps agissent les uns sur les autres uniquement par leurs
vitesses respectives; qu'il faudroit peut-être plus d'attention,
pour en lire la Dèmonstration, que pour la trouver par soi-
même. Et par rapport aux personnes, qui ne sont en ètat,
ni de saisir une Dèmonstration, ni de la faire elles-mêmes; il
suffira de les prier de remarquer: Que, de deux Coürans
opposés; l'un aide le mouvement du Corps en question, à
peu près autant que l'autre le rallentit; la différence, ne
provenant, que de la vitesse propre de ce Corps, qui lui fait
éluder une partie du choc du premier courant, & renforcer
d'autant l'action du second.

28. Si, donc une fois, ce Fluide se mouvoit aussi vite que
le Corps en question: Quelque prodigieuse que pût devenir
sa Rapidité au delà de ce point; sa Resistance n'en feroit pas
plus considérable. Au lieu que, son efficace pour produire
d'autres Effets, pourroit devenir beaucoup plus grande, par
cette augmentation de vitesse; si, dans ces Effets-là, toute

la

la matière d'un Courant, n'étoit pas entièrement opposée à toute celle d'un autre Courant, comme elle l'est dans le cas de cette Resistance.

§ 29. Et rèciproquement. Si ces derniers Effets, font fort considèrables, fans que cette Resistance le foit; on peut en conclurre infailliblement : Que ce Fluide est très Rare; mais, qu'une grande Rapidité, le met en ètat de produire d'auffi grands Effets que s'il étoit fort Denfe, fans augmenter pourtant la refiftance qu'il oppofe au mouvement des Corps.

30. Ici, je dois indiquer, au moins en deux mots; comment, un Fluide qui fe meut dans deux fens oppofés, peut être très-rare, & cependant produire de grands Effets d'une certaine efpèce, pourvû qu'il foit fort Rapide.

Si l'un des deux Courans oppofés qui venoient fraper un certain Corps; est intercepté, par l'Impènètrabilité d'un autre Corps : L'autre Courant, aura fon plein effet, pour entrainer ce premier Corps vers le fecond; &c.

En effet : Un Corps, est dèfendu par un autre Corps, de l'atteinte d'un Fluide Rectiligne; de la même façon, qu'un Ecran nous garantit de l'ardeur du Feu, ou qu'un Bouclier pare les coups qu'on nous porte. Ce qui, dètruit l'èquilibre des deux Impulfions oppofées qui fe feroient faites fur ce premier Corps : De forte que, celle-là a le deffus, qui n'a pas été arrêtée par la prèfence du fecond; c'est-à-dire, celle-là prècifément, qui pouffoit le premier Corps vers ce fecond.

31. Or, la Matière Celeste, est dans le cas ènoncé par l'Antecedent du § 29. C'est-à-dire : 1°. Qu'elle ne fait éprouver aucun Rallentiffement fenfible, aux Mouvemens des Corps Celeftes; & des Comètes en particulier; qui la traverfent en tant de fens différens; ni au Mouvement des Projectiles Terreftres, & des Pendules en particulier; comme il paroit par les Expèriences & les Calculs de Mr. NEWTON (*Princip. Math. Schol. ad fect. fextam, Libri fecundi.*) : Et 2°. qu'elle dètourne

cepen-

cependant puiſſamment ces mêmes Corps, de la route rectiligne qu'ils affectent.

§ 32. Donc, on peut lui appliquer le Conſèquent du même § 29. C'eſt-à-dire : Qu'elle eſt douée d'une prodigieuſe
Rarité, compenſée par une prodigieuſe Rapidité. Ce que je
pourrois dèmontrer encore, de deux autres façons entièrement différentes; ſi je n'ètois pas preſſé d'arriver au but principal de cette Pièce.

33. Si un Corps Terreſtre, dont la Peſanteur, auroit été
miſe en oppoſition, avec celle d'un autre Corps, ou avec quelque
Elaſticité, &c; ceſſoit d'être pouſſé vers la Terre, pendant
pluſieurs Tierces d'heure : Il ſeroit alternativement ſupèrieur
& infèrieur à cette autre Force Morte, par intervalles ſenſi-
bles, & on s'apercevroit, des Oſcillations que lui feroit faire
cette alternative de force & de foibleſſe.

Mais on ne s'aperçoit point de ces Oſcillations.

Donc, lés Intervalles qui sèparent deux coups ſucceſſifs des
Corpuſcules qui font peſer un Corps; ſont plus courts que quelques Tierces d'heure.

Nec mora, nec requies. Quàm multâ grandinê, nimbi
Culminibus crepitant; Sic denſis iſtibûs illi. Æneid. V.

34. La même *Brieveté des Intervalles* par leſquels ſe ſuc-
cèdent mes Corpuſcules; pourroit ſe prouver auſſi, mais à un
moindre degré; par l'*Imperceptibilité* des petites lignes droites, dont ſont compoſées les routes des Projectiles Cèleſtes
& Terreſtres.

35. Cependant; ces Intervalles, ne ſont pas Infiniment petits. Car, comme alors, il arriveroit, que dans un tems Fini
(une Seconde par exemple), un même Corps, eſſuyeroit
une Infinité de Chocs, de la part des Corpuſcules; ſans cependant parcourir un Eſpace Infini (mais ſeulement quinze
pieds par exemple) : Il faudroit; que chacun de ces Chocs,

fût infiniment foible ; c'eſt à-dire, que la maſſe ou la viteſſe des Corpuſcules, fût Infiniment petite. Mais : 1o. Un Infiniment-petit actuel & durable, qui cependant differeroit du néant ; eſt un pur Etre de Raiſon : 2°. L'Expèrience, contredit formellement, cette petiteſſe Infinie de chaque Impreſſion de la Gravité ; puiſque, un Corps de quelques onces, poſé ſur la main, y fait & y maintient un creux très viſible & une Impreſſion très ſenſible.

§ 36.. Et, qu'on n'allegue pas, comme une prèuve de cette Infinie petiteſſe de chaque Impulſion de la Peſanteur : Que, ſi le Poids d'un Corps, n'a pas pû caſſer une Porcelaine, dès le premier moment où il a èté poſé deſſus ; il ne la caſſe pas non plus au bout de pluſieurs années.

La raiſon en eſt ſenſible : C'eſt que l'effet de chaque Impreſſion inſuffiſante, eſt perdu pour les Impreſſions ſuivantes ; de ſorte que, c'eſt toûjours à recommencer. Il en eſt de ces Impreſſions, comme des petits coups dont on fraperoit perpètuellement cette même Porcelaine pendant pluſieurs années, ſans pouvoir la caſſer ; ce que feroit cependant un ſeul coup, trois ou quatre fois plus fort que l'un de ces petits.

Ce ſont les efforts de Sisyphe, qui ne peut pas achever en mille & mille repriſes, ce qu'il auroit pû faire en une ſeule, s'il eût eu ſeulement deux ou trois fois plus de vigueur.

> *. . . illud quod Siſyphu' verſat*
> *Saxūm (ſūdāns) nitendo ; nĕquĕ prŏficĭt hĭlūm.* Ennius. *Cic. Natura Deo*

37. Des Corpuſcules qui ſe meuvent en ligne droite, beaucoup plus vite que les Planètes dans leurs Orbites ; ne peuvent qu'avoir fait beaucoup de chemin, depuis pluſieurs milliers d'années que dure le Monde.

Donc : Ceux qui arrivèrent hier ici-bas ; avoient èté projettés, au moment de la Création, dans un lieu prodigieuſement èloigné de nous : Ceux qui arrivent aujourd'hui ; avoient

èté

èté projettés au même moment, dans un lieu plus èloigné : Ceux qui arriveront demain ; avoient èté projettés, au même moment aussi, d'un lieu plus èloigné encore : &c.

Tous ces points de dèpart ; ètans vraisemblablement fort au delà du Monde visible, à l'usage duquel, ces Corpuscu- les avoient èté destinés : Je crois pouvoir, les distinguer des autres petits Corps dont j'aurai occasion de parler ; en les nommant, *Corpuscules Ultramondains.*

          mœnia Mundi
 Discedunt. Vastum video per Inane geri res. LUCRET.

§ 38. Cette considèration, fournit un nouvel Argument, en faveur de l'existence d'un pareil Fluide ; par prèfèrence à tous les Fluides qu'on a imaginé jusqu'à present, pour ren- dre raison des grands Phènomènes de cet Univers.

On est deja revenu depuis très longtems, de l'opinion où ètoit Mr. DESCARTES ; que la même quantité de Mouve- ment, se conservoit toûjours dans l'Univers. Mais ; la Con- servation des *Forces-vives* (c'est la somme des produits, de la multiplication de chaque masse par le quarré de sa vitesse), qu'on y a substitué ; n'ayant pas lieu dans le choc des Corps à Ressort imparfait, qui sont cependant en très grand nom- bre dans la Nature : Ces forces aussi, diminuèroient conti- nuellement (ce dont cependant on ne s'apperçoit point) ; s'il n'y avoit pas, hors de l'Univers habité, un *Magazin d'A- gens* propres à les renouveller ; assez vaste, pour en fournir jusqu'au terme que le Créateur a jugé à propos de mettre à la durée de son Ouvrage.

39. Examinons à present, les *Consèquences* qui dècoulent de l'existence de ces Corpuscules.

Chaque Point Physique de ce Monde visible, occupe sen- fiblement le Centre de cette Immense Sphère Ultramondaine de Corpuscules : De forte que, les Corpuscules qui traver-

D 2

sent

fent ce Point en divers fens, font fenfiblement auffi nombreux
les uns que les autres.

Si donc, une Particule de Matière (beaucoup trop petite
pour que nos fens puiffent la diftinguer, mais beaucoup plus
grande cependant qu'un Corpufcule Ultramondain); occupe
ce point de l'Efpace; & arrête par conféquent, tous les Corpufcules qui s'étoient avancés vers ce Point, de forte qu'il n'y
en ait plus qui en reviennent: On pourra concevoir ceux qui y
vont; comme traverfant fucceffivement, diverfes furfaces fphè-
riques, concentriques à cette Particule. Et comme les Corpufcules qui traverfent une de ces furfaces, font exactement
les mêmes que ceux qui ont traverfé toute autre d'entr'elles,
plus eloignée; ils y feront d'autant plus ferrés, que celle-là
fera moins etenduë que celle-ci. Or, les furfaces des Sphères, font quadruples de celles de leurs grands Cercles refpec-
tifs (ARCHIM. *De Sphæra & Cylindro, Lib. I. Prop. 30.*):
Et celles-ci font entr'elles comme les quarrés de leurs diamètres (EUCL. *Elem. XII. Prop. 2.*); & par conféquent, de
leurs demi-diamètres; qui font ici, les Diftances de ces furfaces à la Particule.

Donc, les Denfités de ces Corpufcules Ultramondains, à
diverfes Diftances de la Particule; fuivent la Raifon inverfe
du Quarré de ces Diftances.

Donc, leurs Efficaces, pour entrainer avec eux vers cette
Particule, les Corps qu'ils rencontrent fur leur paffage; fui-
vent auffi la Raifon inverfe des Quarrés des Diftances de ces
Corps à cette Particule.

§. 40. Cette dernière Conféquence, eft la feule Propofition, de laquelle Mr. NEWTON a dèduit, les trois Loix de
KEPLER, tous les Phènomènes Cèleftes qui fe renouvellent *.

&

---

* Quant aux Phènomènes qui peuvent fe continuer en vertù de
la feule Inertie, fans avoir befoin de nouvelles Impreffions: Il faut

& les Marées : Propofition encore, dont les Loix de la chû‑
te des Corps Sublunaires, ne font qu'un petit Corollaire.

§ 41. Les perfonnes qui ne font pas en ètat d'entendre, l'Ou‑
vrage immortel que Mr. Newton a compofé fur cette matiè‑
re, ni ceux des Auteurs qui ont dèmontré les mêmes cho‑
fes après lui (tels que Gregory, Hermann, s'Gravesande,
Pemberton, & Sigorgne); peuvent du moins voir une efquiffe
de fon Plan, dans fon petit Ouvrage *de Mundi Syftemate*, ou
dans l'Expofition de fes Dècouvertes par Mr. Mac-Laurin.

42. Il me feroit donc inutile, de retracer ici, les Confè‑
quences de ce grand Principe : Puifque je ne pourrois diffè‑
rer de ces Auteurs que par les Expreffions.

J'apellerois, par exemple, *Impermeabilité, Interception, Im‑
pulfion, & Approche* ; ce qu'ils apellent, *Force Atttraɛtive,
Attraɛtion, Sollicitation, & Gravitation* : Et je parlerois de
Particules Impermeables & de Polygones ; au lieu de *Points At‑
traɛtifs & de Courbes.*

43. Il regneroit affez de *Regularité* dans les confèquences
deduites de cette Thèorie ; non feulement, pour fatisfaire à
la Regularité apparente, que l'imperfeɛtion de nos organes
(auxquels les petites Irrègularités doivent échapper) nous
fait croire avoir lieu dans la Nature ; mais même, pour fa‑
tisfaire à une Regularité beaucoup plus grande encore, fi ce‑
la ètoit nèceffaire ; c'eft-à-dire, fi nous avions quelque cer‑
titude, qu'il y en règne effeɛtivement une plus grande. Au‑
tant de Prècifion, par exemple, que dans l'Optique ; où l'on
raifonne fur des Lignes Phyfiques, comme fi c'ètoit des Lignes
Mathèmatiques.

44. De cette même Propofition (§ 39) ; combinée avec la

D 3

plus

les rapporter immèdiatement à un Mouvement imprimé une fois pour
toutes par la Caufe Première. Telles font, la Groffeur & la Denfité des
Planètes, leurs Diftances au Soleil, la Direɛtion & l'Excentricité de
leurs Orbites, la Direɛtion & la Viteffe de leurs Rotations, &c.

plus grande Denſité des Particules qui compoſent les Corps, rèlativement à celle de ces Corps mème; j'ai deduit (Chap. I. §§ 22. & ſuivans) une autre Conſèquence, ſouverainement importante pour la Phyſſque Terreſtre, & en particulier pour la Chymie; mais dont ce Grand Homme ne s'ètoit pas aviſé; ce qui l'avoit obligé d'avoir recours à certaines Attractions diſtinctes de la Gravitation & ſoumiſes à d'autres Loix.

Je veux parler; de la grande Tendance mutuëlle des Particules très voiſines, en comparaiſon de celle des Corps qui en ſont compoſés.

§ 45. Enfin: De cette Loi, & de la diffèrente Poſition des Parties qui compoſent les Solides & les Fluides connus; j'ai deduit (chap. I. §§ 13, 17, 27, 31, 32, 35 & 36) un grand nombre d'Effets qu'on obſerve réellement dans ces Corps.

Mais, comme on y obſerve encore d'autres Effets que ceux-là; leſquels peuvent tous ſe rappeller à un 2^d. Phènomène. Je vais expoſer ce Phènomène & ſes Conſèquences.

CHAPITRE III.

SECOND PHENOMENE ET SES CONSEQUENCES.

§ 1. **P**HENOMENE. Les ſubſtances de mème nature, s'aprochent & s'attachent mutuëllement, avec plus de force, que les ſubſtances de nature diffèrente.

Details. Deux gouttes d'Eau, où deux gouttes d'Huile, ſe réüniſſent; ce que ne font pas, une goutte d'Eau & une goutte d'Huile.

L'Eau, diſſout les Gommes, ſans diſſoudre les Reſines; &

l'Eſ.

l'Esprit-de-vin diſſout plutôt les Reſines que les Gemmes.

Generalement : Les matières aqueuſes ſe lient plus aiſément avec les matières aqueuſes, & les graſſes avec les graſſes ; que celles-ci avec celles-là.

La Cochenille, qui eſt une teinture Animale, s'attache parfaitement à la Laine, qui eſt auſſi une matière Animale ; & ne s'attache point du tout au Cotton, qui eſt une matière vegetale.

Les liqueurs Alkalines, montent plus haut que les autres liqueurs, dans les Tubes capillaires de Verre ; & même, leur hauteur eſt plus grande, lorſque le Verre contient davantage d'Alkali.

Quand on a diſſous deux Sels neutres différens, dans la même eau ; & qu'on prend toutes les précautions nèceſſaires pour que la Cryſtallization ſe paſſe bien tranquillement : Ils ſe cryſtalliſent ſèparément.

Les différentes parties du Lait, & encore plus celles du Sang, ſe ſèparent les unes des autres, & leurs parties ſemblables, s'uniſſent ; d'une façon, qui paroit bien n'être pas duë uniquement à la legère différence qui eſt entre leurs Denſités, & à celle de leurs Peſanteurs ſpècifiques.

Dans les cas, où le Mèlange des Corps, ne diminuë pas la ſomme de leurs volumes ; Il faut moins d'efforts pour diviſer ce Mèlange ; qu'il n'en falloit pour diviſer chacun de ces Corps ſèparément. C'eſt ainſi : Que le Biſmuth & le Plomb ; qui, ſèparés, ſe fondent plus difficilement que l'Etain ; rèünis, ſe fondent plus aiſément que lui : Et que le Mèlange de ces trois corps, ſe fond plus aiſément, que celui de deux quelconques d'entr'eux : Comme Mr. Newton l'a expèrimenté (voyez les Tranſactions Philoſophiques pour 1701.).

A Peſanteurs ſpècifiques ègales : Les Corps, ſont d'autant plus Durs ; qu'ils ſont plus Homogènes.

Plus la Chymie s'eſt perfectionnée; & plus on s'eſt perſua-
dé : Que l'Efferveſcence des Acides avec les Alkalis, n'ètoit
rien moins qu'un combat de corps Hètèrogènes &, antipathi-
ques; mais bien plutôt au contraire, une Affinité de Corps
Homogènes & ſympathiques. Ils peuvent, en effet, ſe changer aiſément les uns dans les autres; & ils ont beaucoup de
qualités communes. Par exemple: L'huile de corne de Cerf,
l'huile de ſang, & les eaux de Bagneres; decèlent tout à la
fois; la préſence des Alkalis & celle des Acides : Le Vinaigre, diſſout le ſang, comme font les Alkalis; & l'Eſprit de
Nitre dulcifié, diſſout la Pierre de la Veſſie, comme fait
le Savon Lithonthliptique de Mlle. Stephens: Les Acides,
ont autant d'Affinité avec le Phlogiſtique, que les Alkalis:
Les plantes Antiſcorbutiques, font partie acides & parties
alkalines.

„ N'eſt-ce pas, à raiſon de la plus grande Affinité qu'on
„ obſerve règuliérement entre les parties Homogènes de cer-
„ tains Corps; qu'on remarque auſſi invariablement : Que les
„ Draps, fabriqués trème. & chaine de la même Laine; ſe
„ foulent mieux en tout ſens, ſont plus fermes, & de meil-
„ leur uſage; que ceux auxquels on employe dans la Chaine,
„ une Laine plus vive que celle de la Trème, afin d'avoir un
„ plus long aunage? „ (Journal Oecon. d'Oct. 1756, pages
76 & 77.)

§ 2. Les corps même qui tendent avec le plus de force à
s'aprocher; ne font aucun effort pour ſe penetrer plus intimément qu'on ne les mêle, ni pour ſe maintenir dans cet état
de diſſolution mutuëlle; lorſqu'il n'y a pas aſſez d'Inègalité
entre leurs parties, pour que celles de l'un, puiſſent ſe loger
un peu librement dans les Interſtices de l'autre (chap. I, § 36).

Cependant; c'eſt ordinairement par la vivacité avec laquelle ſe paſſe une pareille Pènètration, qu'on juge de la force
avec laquelle deux ſubſtances s'attirent : Parce que, la Diſſolu-

tion uniforme , l'Effervefcence, & les Coagulations ; font les Effets les plus fenfibles, de l'Attraction mutuëlle des Particules.

Il ne faut donc pas être furpris : Que les fubftances les plus Homogènes l'une à l'autre, laiffent fi peu voir les Effets de leur Attraction mutuëlle, quoique plus forte que celle des fubftances Hètèrogènes l'une à l'autre : Et que cette Inaction, paroiffe même d'autant plus marquée, que ces Subftances font Homogènes à plus d'ègards : au point, par exemple, que les Particules de l'une, foient peu differentes en Groffeur, des Particules de l'autre.

On auroit plutôt fujet de s'ètonner : Que malgré un obftacle auffi confidèrable, au dèvelopemenţ de cette fupèriorité d'Attraction des Subftances Homogènes entr'elles ; il puiffe refter encore autant de Phènomènes, qui manifeftent cette fupériorité, que nous venons d'en dènombrer.

§ 3. Qu'on ne foit donc pas furpris ; de ce que deux Liqueurs dont les Parties ne font pas vraifemblablement fort Inègales, telles que l'Efprit de Sel & l'Efprit de Nitre ; ne fe pènètrent pas mutuëllement ; avec Effervefcence &c : Puifqu'il faut tant d'Inègalité (Chap. I. § 37), pour une pareille Pènètration. Elles pènètreront beaucoup plus aifément, des corps même qui les attireront moins, tels que font peut-être les Alkalis ; pourvû qu'il y ait une grande difproportion , entre la Groffeur des parties des uns & la Groffeur des parties des autres.

C'eft dèja beaucoup ; que l'on voye quelquefois, des Acides vegetaux bien deliés, pènètrer l'Acide Vitriolique.

4. Malgré ce frèquent Obftacle, qui s'oppofe à l'execution de la Loi qui fait l'objet de ce Chapitre : Elle fe manifefte encore par un affez grand nombre d'Effets ; pour avoir engagé les Phyficiens attentifs de tous les tems, à en former une Règle generale.

E

Hipro-

Hippocrate, l'expofe avec complaifance, dans plufieurs en-
droits de fes ouvrages *; & il en fait l'application, au triage
des fucs de la terre par les Plantes, à la Sècrètion de la bile, & à la nutrition des diverfes parties du corps. C'eft auffi
fur cette Obfervation; qu'Heraclite, avoit fondé fa fameu-
fe *Homoïomèrie.* Et les Chymiftes modernes, n'oublient point
d'en toucher au moins quelque chofe; lorfqu'ils tâchent de
rappeller les Affinités Chymiques à un petit nombre de Loix.

§ 5. Rien ne me feroit plus aifé, à prèfent, que d'expliquer, à l'aide de ce Principe (combiné avec celui du Chap.
I. fous les differentes formes qu'il peut revêtir) tous les Phènomènes qu'on raporte aux Affinités Chymiques.

Telles font; Les compofitions & dècompofitions fimulta-
nées des Mixtes, dans le fond ou dans le col de la Cornuë;
les Prècipitations fucceffives, de differentes fubftances, les
unes par les autres, dans le même Menftruë; le fingulier
Phènomène de l'Eau Règale; les diverfes Fermentations des
mêmes Sucs Vègètaux; les Secretions Animales & Vègèta-
les; l'Action de certains Mèdicamens, fur certaines parties
du Corps humain, prèfèrablement à d'autres parties; &c.

J'ofe affurer au moins; que ces Principes (combinés avec
la fuppofition de certaines groffeurs ou figures dans les parties
des Corps) m'ont plus fouvent fourni deux folutions adæqua-
tes d'un même Phènomène; qu'il ne leur eft arrivé de m'en
laiffer manquer entiérement dans quelques cas.

Mais, il m'a parû; qu'on manquoit moins, en Chymie, de
Phyficiens capables de faire des Applications ingènieufes des
Principes generaux, que de Mechaniciens qui euffent pris
la peine de chercher la prèmiére Caufe matèrielle de ces
Principes. Et je crois voir auffi; que ce font fur-tout les Re-
cherches

* Je me bornerai à citer celui-ci, à caufe de fa brièveté: ὁμοίοϡ
ἄϱχεἴαι πϱὸς τὸ ὁμοίον: *Simile venit ad fimile.* Lib. IV. De Morbis.

cherches de cette dernière espèce, qui font l'objet principal dont l'Académie demande qu'on s'occupe actuellement.

6. Voici feulement, un Théorème abftrait, affez utile; qu'on pourroit né pas s'avifer auffi bien de fuppléer, qu'on fuppléera au détail des Explications.

Nous avons vû : Que quand les Corps flotans dans un Fluide, ne differoient de ce Fluide, que par la Denfité; ils s'aprochoient l'un de l'autre, avec une force, proportionelle, non à la Difference (quelquefois nègative) des Denfités, mais au Quarré (toujours pofitif) de cette Difference.

Nous ajouterons ici : Que quand l'Attraction mutuëlle de ces Corps dans le vuide, feroit (à volumes & èloignemens ègaux,) ègale à l'Attraction mutuëlle des Parties du Fluide, & fupèrieure (par raifon d'Homogènèïté) à l'Attraction qu'un de ces corps exerce fur un pareil volume de ce Fluide; l'Attraction mutuëlle de ces deux Corps dans ce Fluide, feroit double de l'excès en queftion.

La Dèmonftration, fe trouve au Chapitre Sixiéme.

CHAPITRE IV.

RECHERCHE DU MECHANISME DU SECOND PHENOMENE.

§ 1. IL y a telle Huile, dont deux gouttes ègales, fe rèüniffent avec plus de force, que deux gouttes d'Eau de même groffeur qu'elles : Et il y en a telle, dont les gouttes fe rèüniffent avec moins de force que celles de l'Eau.

Rien n'empêche de concevoir : Qu'on mêle ces deux fortes d'Huile, dans une telle proportion; que deux gouttes de ce Mèlange, faffent prècifément autant d'effort pour fe rèünir, que deux pareilles gouttes d'Eau placées à la même diſtance l'une de l'autre.

Effet, qui indique : Que la Difference des forces, avec lefquelles, chacune de ces gouttes d'Huile, eſt pouſſée vers l'autre par les Corpuſcules Ultramondains, & repouſſée en ſens contraire par les Corpuſcules qui ont traverſé l'autre goutte ; eſt ègale à l'excès, de l'Impulſion des Corpuſcules qui pouſſent une goutte d'Eau vers une goutte d'Eau, ſur l'Impulſion de ceux qui repouſſent cette prèmiére goutte d'Eau en ſens contraire après avoir traverſé la ſeconde.

§ 2. Cependant : Une de ces gouttes d'Huile, miſe à même diſtance d'une goutte d'Eau, fait moins d'efforts pour s'y réünir : Et la goutte d'Eau fait moins d'efforts auſſi, pour ſe réünir à celle d'Huile. Ce qui indique : Que la Difference des Impulſions oppoſées des Corpuſcules ſur une même goutte ; eſt moindre, dans chacun de ces deux cas, que dans chacun des deux cas prècèdens. Et cependant ; les Impulſions qui tendent à approcher ces gouttes l'une de l'autre, ſont les mêmes dans ces cas-ci que dans les prècèdens.

3. Donc : Cette Inègalité de Differences, ne peut provenir, que de l'Inègalité des Cauſes de diminution. C'eſt-à-dire : Que les Impulſions qui tendent à ècarter les gouttes ; ſont plus grandes, dans les cas où ces gouttes ſont de Liqueurs differentes ; que dans les cas où elles ſont d'une même Liqueur.

4. Or : Les Impulſions qui tendent à ècarter une goutte de l'autre ; ſont duës aux Corpuſcules qui ont traverſé celle-ci.

5. Donc : Les Corpuſcules qui ont traverſé une goutte ; frapent davantage une autre goutte, lorſque celle-ci eſt d'une Liqueur differente, que lorſqu'elle eſt d'une même Liqueur ; c'eſt-à-dire, qu'ils paſſent avec moins de facilité, dans le premier cas que dans le ſecond. Et cette difference de facilité, eſt réciproque.

§ 6.

§ 6. Generalement. Les Corpuſcules qui ont traverſé les Pores d'un Corps; paſſent plus aiſément par les Pores d'un ſecond Corps, lorſque ceux-ci ſont de même ſorte que ceux-là, que lorſqu'ils ſont de differente eſpèce.

C'eſt à quoi nous mène nèceſſairement, la ſuperiorité de l'Attraction mutuëlle des Corps de même nature, ſur l'Attraction mutuëlle des Corps de nature differente.

7. Il nous reſte donc à chercher : Quelle diverſité il peut y avoir, dans des Pores que des Corpuſcules doivent traverſer ſucceſſivement; pour que les ſeconds, ſoient traverſés en moins grand nombre, que s'ils ètoient ſemblables aux premiers; & reciproquement.

8. Par raport à des Corpuſcules dont le mouvement eſt rectiligne : Des Pores plus ou moins *tortueux*, & tortueux de differentes façons; reviennent à des Pores plus ou moins ètroits.

Ainſi, je ne ferai aucune mention expreſſe, des Differences qu'on pourroit concevoir, entre les *detours* de certains Pores, & ceux de certains autres Pores.

9. On me diſpenſera bien auſſi, ſans doute; d'examiner la ſolidité de certaines ſuppoſitions forcées; pareilles à celles qu'on fit dans le Siècle dernier, pour expliquer l'Amitié & l'Inimitié mutuëlles des divers Poles des Aimans.

Tels ſont; des Pores heriſſés de *Poils*, couchés dans un ſens determiné; ou des Pores contournés en *Ecrous*, que de certaines Vis ſeulement peuvent enfiler, en tournant à meſure qu'elles avancent.

Leur ſimple dèfaut de vraiſemblance, me tiendra lieu d'une refutation règulière.

10. Il ne me reſte donc à diſcuter, que trois ſources de Differences; qui puiſſent rendre le Paſſage des Corpuſcules, d'un corps poreux à un Corps Semblablement poreux, plus aiſé, que leur paſſage de ce premier Corps à un Corps Diſſemblablement poreux. E 3 Ces

Ces fources, font: Une femblable ou une diffemblable *Difpofition* refpective, dans les Pores des deux Corps à traverfer: Une reffemblance ou une difference dans la *Figure* de ces Pores (je n'entens ici, que la Figure de leur coupe tranfverfale; de leurs Bafes par exemple, fi ce font des Prifmes): Enfin, une ègalité ou une inègalité, dans la *Grandeur* de ces mêmes Pores (c'eft-à-dire, de leur Section tranfverfe).

§ 11. Les Fenêtres des façades de deux maifons qui font vis-à-vis l'une de l'autre; peuvent être dites, avoir *une même Difpofition*; dans deux fens differens.

Le premier fens, feroit: Que celles d'une façade, fuffent de même largeur que celles de l'autre façades; & les Trumeaux de cette prèmiére, de même largeur que ceux de la feconde: Ou qu'au moins; ces largeurs, euffent entr'elles, un Raport bien fimple; tel que les Raports, double, triple, &c.; ou ceux, de deux à trois, de trois à quatre, &c.

Et le fecond fens, feroit: Que l'une des façades, fût actuellement fituée à l'egard de l'autre; de la façon la plus propre à ce qu'il y eût un grand nombre de Fenêtres de l'une, exactement vis-à-vis de quelques Fenêtres de l'autre; pour faciliter l'Enfilement fucceffif de plufieurs couples de Fenêtres, par les mêmes mouvemens rectilignes.

Et les Fenêtres de deux Façades, peuvent être dites avoir *des Difpofitions differentes*; dans les deux fens correfpondans: Dont le premier, confifteroit, dans un Raport compliqué, ou même Irrationel, entre les Largeurs des Fenêtres, comme auffi entre les Largeurs des Trumeaux: Et le fecond; dans une fituation actuelle des deux façades, peu propre à faciliter l'enfilement fucceffif de leurs Fenêtres.

12. Or: Quand deux Corps feroient *femblablement difpofés* felon le premier fens; l'un, n'en feroit pas plus propre à mieux tranfmettre les Corpufcules qui ont traverfé l'autre que

fi ces

si ces deux Corps ètoient differemment disposés selon ce sens ; à moins que ces Corps, ne sussent aussi, *semblablement dispo-sés* selon le second sens. Et d'ailleurs, ce premier sens, se raporte en partie, à la troisiéme des sources de Difference que nous avons indiquées dans le § 10, laquelle nous aprofondirons ci-après.

Je me bornerai donc, à l'examen de ce qu'on peut attendre d'une *semblable Disposition* selon le second sens.

§ 13. A supposer même, que les directions des Corpuscules, fussent toutes *parallèles* : Deux Corps, actuellement situés de façon, que leurs Pores, fûssent exactement vis-à-vis les uns des autres; cesseroient d'avoir une pareille disposition, & de jouïr de ses consèquences; dès que quelque légère cause, tendroit à en deplacer un de côté, d'une quantité ègale seulement à la demi-largeur d'un Pore.

Generalement: A moins de quelque Cause, bien singuliére & bien incomprehensible; qui disposât & maintint ces deux Corps, dans cette situation favorable à l'enfilement successif de leurs Pores: Il arriveroit beaucoup plus souvent, que cette situation n'auroit pas lieu; qu'il n'arriveroit qu'elle eût lieu: De sorte, qu'on devroit voir beaucoup plus souvent, les corps de même espèce, s'attirer aussi foiblement que ceux d'une espèce differente; qu'on ne les verroit, s'attirer plus fortement que ces derniers : Et cependant, le contraire a lieu ; puisque les effets des Affinités Chymiques, arrivent plus souvent qu'ils ne manquent; pour ne pas dire, qu'ils arrivent toûjours.

Donc, cette Ressemblance ou Difference de *Dispositions*, ne peut point rendre raison du Phènomène dont nous cherchons la cause.

14. On pourroit ajouter: Que cette ègalité ou proportion de Largeurs, devroit être prodigieusement rigoureuse; pour que, quand les Pores des deux façades seroient bien vis-à-vis les uns des autres, dans une des ailes; il en arrivât

au-

autant aux Pores de l'autre aile : Et, qu'il n'eſt point vraiſem=
blable, que les Mixtes ſoient aſſez purs ; pour que cette ègalité ou proportion, ſoit ſi rigoureuſement obſervée dans toutes
leurs parties.

§ 15. Mais, j'aime mieux inſiſter, ſur une Raiſon abſolu=
ment ſans replique : C'eſt que, les Directions des divers Corpuſcules, n'ètant rien moins que *Parallèles* les unes aux autres ; il n'eſt abſolument pas poſſible, que la ſimple ſituation
reſpective de deux Corps, ſoit cauſe, qu'ils ſe prêtent au
paſſage ſucceſſif de ces Corpuſcules, avec des facilités ſenſiblement differentes.

16. C'eſt cependant, ſur le *Parallèliſme* des Directions de
la Matière ſubtile, & ſur la Reſſemblance ou Difference des
Diſpoſitions de Pores ſelon nos deux ſens à la fois ; que ſe
fondoit, il y a quatre-vingt ans, le Docteur FRANÇOIS BAY-
LE ; quand il vouloit rendre raiſon, du plus ou moins d'Ad-
héſion qu'on obſerve dans differens Corps. Comme on peut
le voir, dans le 7ᵉ Article de ſa Diſſertation ſur les Tuyaux
Capillaires.

17. Venons à la ſeconde ſource poſſible, de la facilité ou
de la difficulté du paſſage ſucceſſif des mémes Corpuſcules
par les Pores de deux Corps : Savoir, la Reſſemblance ou la
Difference, dans la *Figure* tranſverſale de ces Pores.

18. Comme je ne finirois point, ſi je voulois parler de
toutes les Figures poſſibles : Je me bornerai, à celles qui ſont
Règulières ; & je laiſſerai au coup-d'œil du Lecteur attentif,
le ſoin de ſentir, que les choſes que j'en dirai, pourront ègalement s'appliquer áux Figures Irrègulières.

19. Comme, de toutes les Figures Règulières ; les plus
differentes l'une de l'autre, ſont le *Triangle Equilateral* &
le *Cercle* : Les reſultats de leurs Differences ; ſeront plus fra-
pans, & plus aiſés à ſaiſir ; que ceux des Differences qui règnent entre d'autres Figures.

Joi-

Joignés à cela : Que si j'ai prouvé une fois ; que même ces differences-là, ne font pas fuffifantes pour fatisfaire au Phènomène qui m'occupe ; j'en pourrai conclurre tout de fuite, que les Differences des autres Figures, fuffiroient encore moins à remplir ce but.

§ 20. Puifque la Foiblefle de la Tendance d'un Corps vers un Corps de nature differente, eft rèciproque ; par le fait : Il faut bien, que fa Caufe foit rèciproque.

Tel eft donc, le raport des grandeurs de ces trous triangulaires & circulaires : Que non-feulement, les Corpufcules qui ont traverfé les premiers, ne peuvent pas paffer par les feconds ; mais auffi, que les Corpufcules qui ont traverfé les feconds, ne peuvent pas paffer par les premiers.

Or, cette rèciprocité d'Effet ; n'auroit pas lieu ; fi les Pores circulaires, refufoient le paffage aux Corpufcules de la prèmiére Claffe par exemple, non-feulement à caufe de leur rondeur, mais encore à caufe de leur petiteffe : Ce qu'on peut appliquer auffi, au refus que font les Pores triangulaires, de laiffer paffer les Corpufcules de la feconde Claffe.

Donc : Ces deux Figures, font à peu près ègales : Et tout au moins ; le Cercle n'eft pas infcriptible au Triangle, ni le Triangle au Cercle.

21. Mais, on peut prouver : Que les Pores des Corps de differente nature, font beaucoup plus inègaux, que ne le peuvent être un Cercle & un Triangle dont le plus petit ne peut pas entrer dans le plus grand.

Soit : Par la confidération des Differences qui règnent entre les Corps, par raport à leur diverfe facilité, à fe laiffer pènètrer par la Lumière, la Chaleur, l'Electricité, le Magnetifme, l'Humidité, &c. ; Fluides, qui, très vraifemblablement, different davantage les uns des autres, par la Groffeur, que par la Figure :

Soit : Parce que les Pores de differentes couches d'un même

me

me corps; ne pouvant pas être fituées directement les unes derrière les autres, rèlativement à la route des Corpufcules; puifque cette route fuit elle-même diverfes directions: Il s'enfuit; que ces Pores fe rètrèciffent mutuëllement, rèlativement au paffage des Corpufcules; que par-là, ils changent entièrement de Figure & de Grandeur; & que ces changemens doivent fuivre des Loix fort compliquées, fuivant la differente quantité & la differente difpofition des couches dans les differens corps.

§ 22. Donc enfin: Ce n'eft pas non plus dans la reffemblance ou la diverfité des *Figures*; qu'on peut puifer l'ègalité ou l'inègalité reciproques, des Facilités qu'offrent deux Corps, à laiffer paffer les Corpufcules qui ont traverfé l'autre Corps, felon que ces Corps font de même nature ou de nature differente.

Et il ne nous refte plus, qu'à chercher cette ègale ou inègale Facilité, dans l'ègale ou inègale *Grandeur* tranfverfale des Pores.

Nota. Si, malgré ce que j'ai dit dans le § 21; on ne trouvoit pas hors de vraifemblance, que ce fût en partie dans la *Figure* des Pores, qu'on doit chercher la fource du Phènomène en queftion: Je n'y verrois aucun inconvènient par raport aux Effets. Car, les mêmes Calculs que j'aplique aux confèquences de la *Grandeur* des Pores, dans la fin de ce Chapitre & dans celle du Chapitre VI; pourroient auffi s'apliquer aux confèquences de leur *Figure*. Mais, on ne peut pas en dire autant de la *Difpofition*, dont j'ai parlé dans les §§ 11-16.

23. On a dèja compris, fans doute: Que fi l'on a trois couples de Corps; l'une, de deux Corps percés de Pores mediocres & mediocrement nombreux; l'autre, de deux Corps percés de Pores fort petits & fort nombreux; & le troifiéme, d'un Corps de la prèmiére efpèce & d'un Corps de

la

la feconde : Les Corpufcules qui auront traverfé un des Corps d'une des deux prèmiéres Couples, trouveront moins d'obftacles à paffer dans l'autre Corps de la même Couple ; que les Corpufcules qui ont traverfé un des Corps de la troifiéme Couple, ne trouvent d'obftacles à paffer dans l'autre Corps de cette troifiéme.

Il fuit de là : Que les Caufes d'Ecartement de deux Corps d'une même Couple ; font plus foibles dans les prèmiéres Couples que dans la troifiéme. De forte que : Si les caufes d'Approche, font les mêmes dans cette troifiéme Couple que dans les prècèdentes ; le refultat de ces Caufes oppofées, fera, une Tendance à s'aprocher, plus forte dans les prèmiéres Couples que dans la troifiéme.

Or, les caufes d'Approche, feront les mêmes, pour chaque Corps de la troifiéme Couple, que pour les Corps de la Couple à laquelle il reffemble ; pourvû que toutes les autres chofes foient ègales : C'eft-à-dire ; pourvû que les Figures des fix Corps, foient femblables ; pourvû que leurs Grandeurs, foient ègales ; pourvû que les trois Diftances mutuëlles des deux Corps de chaque Couple, foient ègales ; & pourvû que ces Corps, foient bien ègalement & femblablement percés, trois à trois.

Donc : Les Corps femblables entr'eux à l'ègard de la Grandeur & du Nombre des Pores ; doivent s'aprocher avec plus de force, que les Corps qui different entr'eux à ces deux ègards.

§ 24. Cela fera rendu plus fenfible, par un Exemple bien determiné ; moins conforme à la Nature, qu'à la commodité du Lecteur ; mais fuivi de correctifs, propres à le generalifer, & à le raprocher de la rèalité.

Je dois feulement, faire prècèder cet Exemple, de deux petites Confidèrations.

1º. Il ne peut être queftion, que des Corpufcules Ultra-

 mondains,

mondains, qui paſſent ou tendent à paſſer ſucceſſivement par quelques points du Volume Apparent des deux Corps de la même Couple : Tous les autres Corpuſcules qui frapent un de ces Corps ; ayant des Antagoniſtes, dont le nombre ne reçoit aucune altération par la préſence de l'autre Corps ; ce premier, eſt dans un parfait Equilibre de leur part.

2°. Quand je parle, de la cinquiéme partie d'un Courant, &c : Cela ne doit pas s'entendre, du Nombre des Corpuſcules ; puiſqu'ils ne ſont pas tous ègalement efficaces : Mais, de la ſomme de leurs Maſſes, ou de la quantité de Matière.

§. 25.

THEOREME.

Suppoſons : Que chaque goutte d'Eau iſolée, arrête indiſtinctément la ſeptiéme partie de tous les Corpuſcules qui y abordent ; que chaque goutte d'Huile iſolée, arrête la cinquiéme partie de la moitié la plus groſſière du Courant qui y aborde ; & que ces mêmes gouttes d'Huile, arrêtent la trente - cinquiéme partie de la moitié la plus ſubtile.

Je dis : Que la Tendance d'une goutte d'Eau vers une goutte d'Huile, ou d'une goutte d'Huile vers une goutte d'Eau ; ne ſera que les quatre cinquiémes, de celle de l'Eau vers l'Eau, ou de l'Huile vers l'Huile.

Dèmonſtration.

Premier Cas. Une goutte d'Eau eſt donc pouſſée vers une goutte d'Eau ; par la ſeptiéme partie de tŏut le Courant qui y aborde à l'oppoſite de celle - ci. Et elle eſt pouſſée en ſens contraire ; par la ſeptiéme partie du Fluide qui y aborde après avoir traverſé cette ſeconde goutte, lequel ne contenoit plus que les ſix ſeptiémes de ce qu'il ètoit auparavant.

Donc : La Force avec laquelle la prèmiére goutte doit

ten-

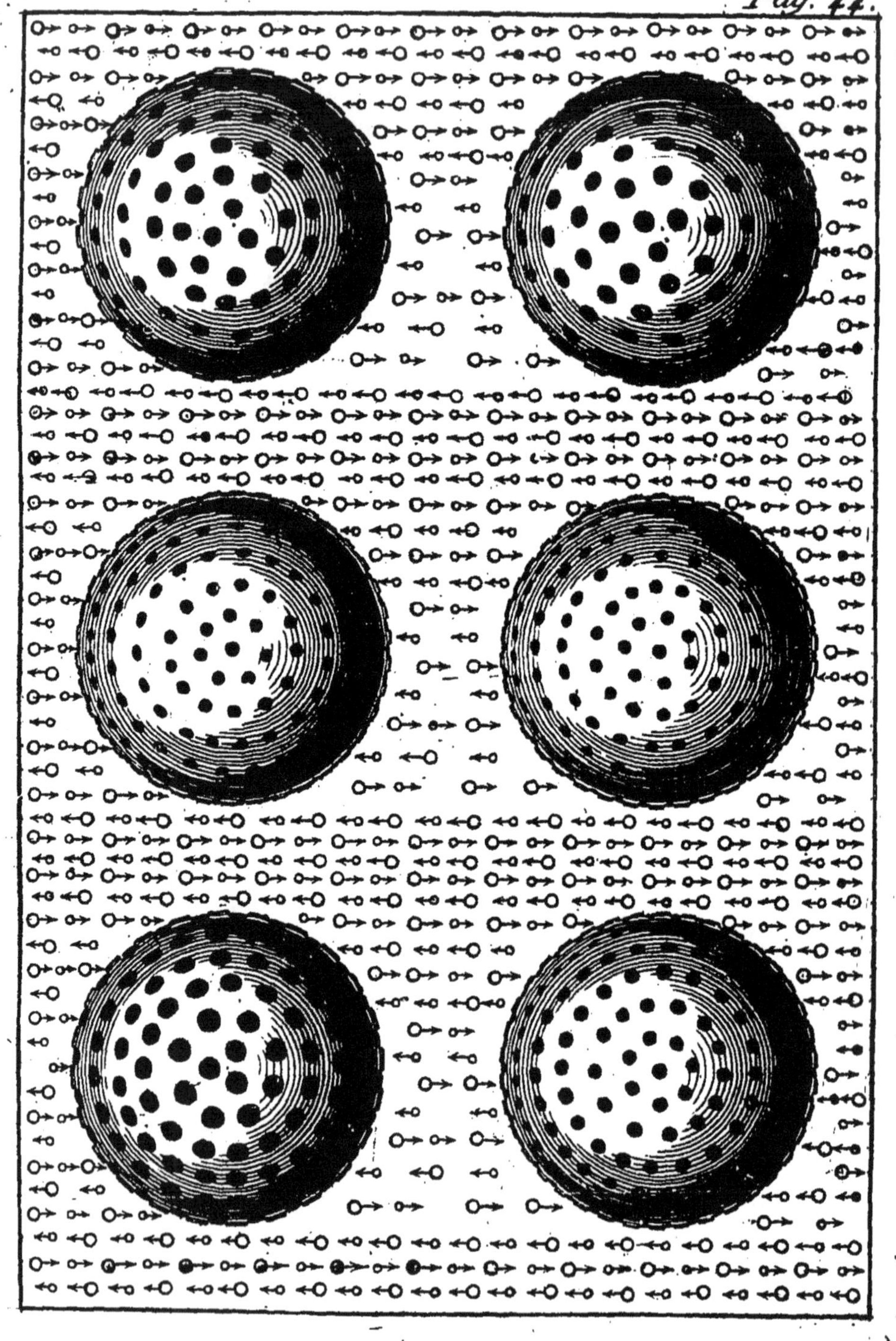

tendre vers la seconde; doit être proportionnée à l'excès, de la septiéme partie d'un Courant, sur la septiéme partie des six septiémes d'un pareil Courant; c'est-à-dire, à l'excès de sept quarante-neuviémes sur six quarante-neuviémes; en un mot, à la quarante-neuviéme partie d'un de ces Courans.

Et, la seconde goutte d'Eau, doit tendre vers la prèmiere, avec une pareille Force; en vertu d'un pareil raisonnement.

Second Cas. Une goutte d'Eau, est poussée contre une goutte d'Huile; par la septiéme partie de tout le Courant qui y aborde à l'opposite de celle-ci. Et elle est poussée en sens contraire; par la septiéme partie du Courant qui y aborde après avoir traversé cette goutte d'Huile.

Or, celui-ci, est composé de deux parties, savoir: 1° des quatre cinquiémes de la moitié du Courant qui avoit abordé vers l'Huile à l'opposite de l'Eau; & 20 des trente-quatre trente-cinquiémes de l'autre moitié; ce qui fait en tout, les trente-une trente-cinquiémes de la matière du Courant.

Donc: La Force avec laquelle une goutte d'Eau doit tendre vers une goutte d'Huile; doit être proportionnée, à l'excès de la septiéme partie d'un Courant, sur la septiéme partie des trente-une trente-cinquiémes d'un pareil Courant; c'est-à-dire, proportionnée à l'excès de trente-cinq deux-cent-quarante-cinquiémes sur trente-une deux-cens-quarante-cinquiémes; en un mot, aux quatre deux-cens-quarante-cinquiémes d'un de ces Courans.

Troisiéme Cas. Une goutte d'Huile, est poussée contre une autre goutte d'Huile; 1°., par la $\frac{1}{5}$ partie de la moitié du Courant qui y aborde à l'opposite de celle-ci; & 2°, par la $\frac{1}{35}$ partie de l'autre moitié; en tout, par les $\frac{4}{35}$ de ce Courant.

Et elle est poussée en sens contraire: 1°, par la $\frac{1}{5}$ partie des $\frac{4}{5}$ de la moitié du Courant qui avoit abordé vers la seconde goutte à l'opposite de la prèmiére: & 2°, par la $\frac{1}{35}$ partie des $\frac{14}{35}$ de l'autre moitié: En tout; par les $\frac{2}{25}$ & les $\frac{17}{1225}$ de ce Courant; c'est-à-dire, par ses $\frac{115}{1225}$, ou ses $\frac{23}{245}$.

Donc: La Force avec laquelle une goutte d'Huile se portera vers une autre goutte d'Huile; doit être proportionnelle à l'excès, des $\frac{4}{35}$ d'un Courant, sur les $\frac{23}{245}$ d'un pareil Courant; c'est-à-dire, à l'excès de $\frac{28}{245}$ sur $\frac{23}{245}$; en un mot, aux $\frac{5}{245}$, ou à la $\frac{1}{49}$ partie d'un de ces Courans.

Et la seconde goutte d'Huile, doit tendre vers la prèmiére, avec une pareille Force; en vertu d'un pareil raisonnement.

Quatriéme Cas. Une goutte d'Huile, est poussée contre une goutte d'Eau, comme contre une goutte d'Huile; c'est-à-dire, par les $\frac{4}{35}$ du Courant qui y aborde à l'opposite de cette goutte d'Eau.

Et, elle est poussée en sens contraire: 1°, par la $\frac{1}{5}$ partie de la moitié la plus grossière de ce qui a traversé cette goutte d'Eau, savoir les $\frac{6}{7}$ d'un Courant; & 2°, par la $\frac{1}{35}$ partie de la moitié la plus subtile de ces mêmes $\frac{6}{7}$: En tout; par les $\frac{3}{35}$ & les $\frac{3}{245}$ d'un Courant; c'est-à-dire, par ses $\frac{24}{245}$.

Donc: La Force avec laquelle une goutte d'Huile doit être entrainée vers une goutte d'Eau; doit être proportionnelle, à l'excès, des $\frac{4}{35}$ d'un Courant, sur les $\frac{24}{245}$ d'un pareil Courant; c'est-à-dire, à l'excès de $\frac{28}{245}$ sur $\frac{24}{245}$; en un mot, aux $\frac{4}{245}$ d'un de ces Courans.

Conclusion. Donc: La Tendance mutuëlle d'une goutte d'Eau & d'une goutte d'Huile, est à la Tendance mutuëlle de deux gouttes d'Eau ou à celle de deux gouttes d'Huile; comme $\frac{4}{245}$, sont à $\frac{5}{245}$; ou comme 4 à 5. C. q. f. d.

§ 26. Au lieu des Fractions, $\frac{1}{7}$, $\frac{1}{5}$, $\frac{1}{35}$; on auroit pû employer les Fractions, $\frac{1}{41}$, $\frac{1}{29}$ & $\frac{1}{1189}$: Ce qui auroit fourni pour les Tendances mutuëlles, le Raport de 21 à 29, au lieu de celui de 4 à 5.

On auroit aussi pû, employer les Fractions, $\frac{1}{7000}$, $\frac{1}{5090}$, $\frac{1}{35000}$;

Ou

ou les Fractions, $\frac{1}{41000}$, $\frac{1}{290000}$; $\frac{1}{1175000}$: Ce qui auroit fourni pour les Tendances mutuëlles, des valeurs un million de fois plus petites; mais, fans changer leurs Raports, de 4 à 5, ou de 21 à 29. Ces dernières fuppofitions font un peu plus conformes à la prodigieufe Porofité qu'on a lieu de croire dans les Corps.

§ 27. A l'aide des artifices de Diophante; on peut trouver des Exemples rationels, où, la Tendance des gouttes de la même Liqueur, foit confidèrablement plus forte, que la Tendance des gouttes des Liqueurs differentes. Mais alors, il faut, que la portion fubtile des Courans Ultramondains, foit beaucoup plus abondante que leur portion groffière.

28. On ne doit pas craindre, que les Conclufions vinffent à changer, fi l'on vouloit avoir ègard à la diverfité des Directions des Corpufcules Ultramondains.

Car: Ce qui eft vrai de tous les Corpufcules dont les routes font parallèles fous une certaine, direction; pouvant s'apliquer à ceux dont les routes font parallèles fous une autre direction quelconque; cela fera vrai encore, de la fomme de tous ces Courans.

29. Je dèmontre auffi : Que le fond des Conclufions ne change point; lorfque les gouttes d'Eau, ne font pas tout-à-fait auffi Perméables aux gros Corpufcules qu'aux petits: Pourvû cependant, qu'elles leur foient plus ou moins Perméables, que ne le font les gouttes d'Huile.

THEOREMES ENTREVUS.

30. En partant des fuppofitions ènoncées dans les Thèorèmes prècèdens. La Tendance de l'Eau vers l'Eau, ou de l'Huile vers l'Huile; eft, à la Tendance de l'Eau vers l'Huile, ou de l'Huile vers l'Eau : Comme l'Impermèabilité uniforme de l'eau; eft à la fomme des diverfes Impermèabilités

de

de l'Huile à un Courant complet. Et ce que je dis de ces deux Corps en particulier, pour plus de brieveté & de clarté dans les expreffions; doit ègalement s'entendre, de tous autres Corps de deux efpèces, combinés deux à deux de trois façons.

§ 3 1. Le Rapport ènoncé dans le Thèorème prècèdent; peut aprocher autant qu'on veut, de la raifon fous-doublée de celle qui règne entre un Courant complet & fa portion grof-fière; au moyen des diverfes valeurs qu'on peut affigner aux Impermèabilités. Mais, ce premier Rapport, ne peut jamais ègaler ni furpaffer ce dernier.

3 2. Lors même que chacun des Corps des deux differentes efpèces, eft inègalement Permèable aux differens Corpufcules, felon quelque Rapport que ce foit. Il fuffit, que ces Rapports ne foient pas ègaux : Pour que la Tendance mutuëlle des Corps d'une même Efpèce, foit fupérieure à la Tendance mutuëlle de ceux de differente Efpèce.

3 3. En fuppofant les mêmes Inègalités de Permèabilité à diverfes Claffes de Corpufcules, que nous avons fuppofées dans le Thèorème prècèdent; & le même dèfaut de Proportion entre ces Inègalités; enfin, que la Tendance mutuëlle d'une des couples de Corps Homogènes l'un à l'autre, ne foit pas égale à la Tendance mutuëlle de l'autre couple. La Tendance mutuëlle d'un des Corps de la prèmiére couple & de l'un des Corps de la feconde; qui feroit Moyenne proportionnelle entre les Tendances de ces deux Couples, fi les Inègalités de Permèabilité à diverfes Claffes de Corpufcules ètoient proportionnelles; fera plus petite que cette Moyenne proportionnelle.

CHAPITRE. V.

PENSÉES POUR PERFECTIONNER LA TABLE DES AFFINITE'S.

§ 1. COmme on ignore souvent, les vrais Principes dont un Mixte est composé, & la façon dont ils s'y combinent: On ne peut pas partir, des Rapports qui règnent entre les Principes; pour decouvrir ce qui doit arriver, quand un pareil Mixte sera apliqué à une Substance donnée.

Il convient donc, de multiplier les Expériences faites immédiatement sur les Mixtes; si l'on veut rendre la Doctrine des Affinités, applicable aux branches de Physique où les substances sont moins simples que celles dont les Chymistes se sont principalement occupés jusqu'à présent. Les branches dont je veux surtout parler, sont: La Pharmacie Galènique, l'Oeconomie Animale, la Teinture, & la composition des Pierres fausses ou des Emaux.

On pourroit commencer, par les Mixtes dont les ingrediens sont le plus intimément fondus ensemble.

Ce travail seroit immense. Mais, comme il demanderoit moins de gènie, que de dexterité, d'exactitude, de patience, & de facilités externes: On pourroit en charger principalement, les personnes moins propres aux Recherches abstraites des prèmiéres Causes de tout ce Mèchanisme: Vû que, ces deux classes de lumières & de facultés, qui se trouvent souvent séparées, se rencontrent rarement rèünies.

2. Il y a même des Substances, aussi simples que celles dont on a beaucoup ètudié les Rapports; qui cependant, ne sont pas encore, dans les Tables qu'on a dressées sur cette matière. Tel est l'Or blanc, dit *la Platina del Pinto;* dont on est

G

à prèà préſent en ètat de ranger les Affinités, dans un ordre auſſi ſûr que celles des autres Mètaux.

Telles ſont encore, les *Subſtances Animales* en general; qui, par exemple, ont plus de Rapport avec l'Or jaune, qu'avec cet Or blanc.

§ 3. On pourroit, au reſte, dèſigner aſſez ſignificativement ce dernier, par le ſigne de l'Or jaune, legèrement ſurmonté de celui de l'Argent : Pour indiquer ; qu'il a, au fond, preſque toutes les propriétés de ce premier ; quoiqu'il porte à ſa ſurface, l'apparence du ſecond.

LUMIERE.

Verre d'Antimoine.
Verre commun.
Sel gemme.
Nitre.
Vitriol de Dantzig.
Huile de Vitriol.
Camphre.
Eſprit de vin.
Eau.
Air.

§ 3. Une ſubſtance bien intéreſſante, dont on pourroit encore enrichir la Table des Affinités ; c'eſt la *Lumière*, ou le Feu Elementaire.

Mr. NEWTON, fait voir, dans la 10ᵉ Prop. de la 3ᵉ. Partie du 2ᵈ. Livre de ſon Optique : Que cette Subſtance, eſt plus ou moins attirée par les Corps, à peu près en raiſon de leurs Denſités ; la difference, provenant preſque toute, de la quantité de ſouphre qu'ils contiennent.

La Table qu'il en donne, eſt beaucoup plus ètenduë que l'echantillon qu'on voit ici : Les Forces, y ſont exprimées par des Nombres : Et il y a auſſi une Colomne de Nombres ; pour les Rapports ſelon leſquels ces Forces ſont plus ou moins conſidèrables, qu'elles ne le ſeroient ſi l'Attraction ètoit uniquement proportionelle aux Denſités.

$\S. 4.$

§ 4. Quoique ces dernières Differences, ne foient pas bien fortes; Cependant; comme cela va quelquefois jufqu'au triple (l'Attraction que le Diamant exerce fur la Lumière, ètant à celle qu'y exerce le Verre d'Antimoine, dans un Rapport trois fois plus grand que celui de leurs Pefanteurs fpècifiques); & que la Reffemblance ou le Poli des *Surfaces*, ne peut ici contribuër en rien, à augmenter l'Attraction : Il eft èvident, qu'il faut abfolument avoir recours à la *conftitution intime* de ces Corps. Ce qui confirme pleinement, le grand rôlle que cette Conftitution doit jouër dans les Attractions.

5. A l'imitation de ce que Mr. NEWTON a fait pour la Lumière : On pourroit auffi diftinguer, dans les Affinités mutuëlles des autres Corps, ce qui provient de la Denfité, d'avec ce qui provient de la nature particuliére de ces Corps. Savoir : En divifant l'Expreffion numèrique de chaque Affinité obfervée, par le Produit (voyez Chap. I. §. 10.) des Denfités des deux Subftances entre lefquelles elle règne. Car, les Quotiens, exprimeroient les vrais Rapports qui auroient lieu entre ces Subftances, fi elles avoient une même Denfité.

Cela, exigeroit deux Tables préliminaires : L'une, des degrés relatifs de Force entre les Affinités obfervées, exprimés auffi exactement qu'il feroit poffible; l'autre, des Denfités, raportées à une même unité ou mefure.

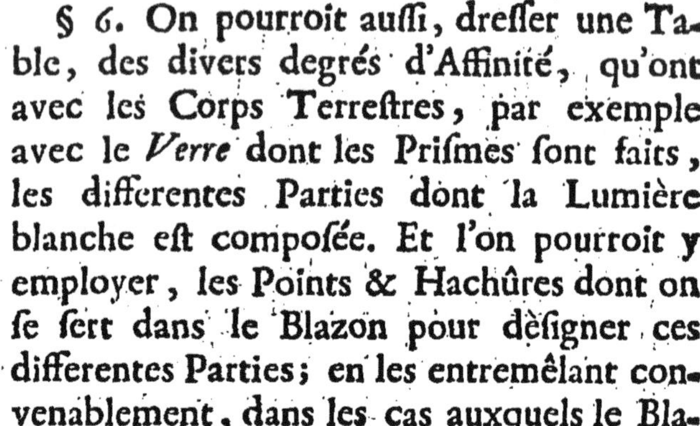

§ 6. On pourroit auffi, dreffer une Table, des divers degrés d'Affinité, qu'ont avec les Corps Terreftres, par exemple avec le *Verre* dont les Prifmes font faits, les differentes Parties dont la Lumière blanche eft compofée. Et l'on pourroit y employer, les Points & Hachûres dont on fe fert dans le Blazon pour défigner ces differentes Parties; en les entremêlant convenablement, dans les cas auxquels le Blazon n'a pas pourvû.

7. Mais, une chofe indifpenfable, & dont je fuis furpris qu'on n'ait pas encore fenti la neceffité; c'eft (à défaut de Rapports en *Nombres*, des divers degrés d'Affinité), d'exprimer au moins, l'Egalité ou l'Inègalité des Forces avec lefquelles les Corps fe joignent.

Pour en venir à bout; il faudroit emprunter, des Aftronomes, le figne de la *Conjonction*, ☌; & des Algèbriftes, ceux d'*Egalité*, de *Majorité*, & de *Minorité*, =, >, <.

Par exemple: Pour dire; que l'Alkali fixe, s'unit aux Acides, plus fortement que l'Eau ne fe joint aux fouphres: On ècriroit;

CHAPITRE VI.

DEMONSTRATION DE QUELQUES THEOREMES.

Dèmonstration du § 15e. du Chap. I.

PRéparation. A & α, dèsignent les particules en quef-tion ; α, ètant placée à peu près au milieu de tout le fluide. B & β, dèsignent des gouttes du fluide

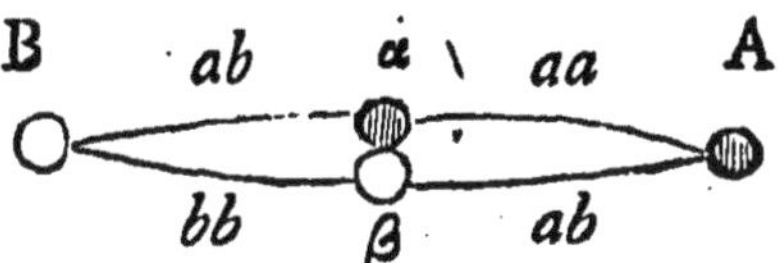

en queftion, de même figure & volume que ces particules, choifies dans une telle pofition : Que β touche α; & que la droite qui joindroit les centres d'A & de B, & celle qui joindroit ceux d'α & de β, fe couperoient mutuëllement en parties ègales & à angles droits. De forte que, fi les places A & B ètoient vuides, ou occupées par des matières d'è-gale denfité; α, feroit ègalement attiré de toutes parts; & il en feroit de même de β. D'où il s'enfuit : Que la ten-dance de α felon la direction B A; eft uniquement duë, à l'excès de fa tendance vers A fur fa tendance vers B : Et que, les tendances de α & de β felon une même direction B A, ne pouvant fe rèduire en mouvement actuel, qu'aux dèpens l'u-ne de l'autre; le dernier refultat de toutes ces tendances op-pofées, fera, que α tendra enfin à fe mouvoir felon la direc-tion B A, avec le furplus du premier excès fur le fecond.

Dènomination. Que la Denfité des Particules, foit à celle du Fluide, comme *a* eft à *b* : De forte que, le quarré de leur difference, foit $aa - 2ab + bb$.

Affertion. Il s'agit donc de prouver: Que la tendance fi-

nale

nale de α selon la direction B A, sera proportionelle à $aa - 2ab + bb$.

Dèmonſtration. Les ſimples tendances de α, vers A & vers B; ſont aa & ab, en vertu du § 10 : De ſorte, que, ſa tendance ſelon B A, ſi elle n'avoit point la goutte β à deplacer, ſeroit $aa - ab$. Les ſimples tendances de β, vers A.& vers B, ſont ab & bb, en vertu du même § : De ſorte que, ſa tendance ſelon B.A, ſi elle n'avoit point la particule α à deplacer, ſeroit $ab - bb$.

Mais, α, ne pouvant faire un pas, ſans deplacer d'autant, quelque goute telle que β: Cette prèmiére, ne peut avancer; qu'avec une force proportionelle au ſurplus de $aa - ab$ ſur $ab - bb$; c'eſt-à-dire, à $aa - 2ab + bb$. C. q. f. d.

Prèmiére Remarque. Quand je parle, de la Reſiſtance que β oppoſe à ſon deplacement: J'entens ſeulement, celle qui provient de ce qu'elle eſt inègalement attirée par A & B; & je mets à quartier, toute celle que produiſent; & ſon inertie, & la tenacité du fluide.

Seconde Remarque. Quand j'ai ſuppoſé α & β, placées à peu près au milieu de tout le Fluide: C'ètoit pour èviter la conſideration des Inègalités, que pourroient produire dans leurs tendances, les inègalités des Maſſes attirantes. Ces Inègalités, ne ſont cependant pas à craindre: L'Attraction des Parties dont l'èloignement eſt ſenſible, devant preſque être comptée pour rien, en comparaiſon de l'Attraction de celles dont la diſtance eſt imperceptible.

Dèmonſtration du § 6e. du Chap. III.

THEOREME. Si deux petits Corps, de même nature, denſité & volûme; s'attirent mutuëllement avec autant de force; que deux gouttes de Fluide, de même nature, denſité & volume l'une que l'autre, & dont le volume & l'èloi-

gnement

gnement mutuël font les mêmes que ceux de ces petits Corps :
Mais, qu'un de ces petits Corps & une de ces gouttes, ne
s'attirent pas mutuëllement avec la même force; à caufe de
la différence de leurs natures intimes, qui introduit de la
différence entre cette dernière Attraction & les prècèdentes.

Lorfque ces Corps, feront plongés dans un pareil Fluide :
Ils tendront l'un vers l'autre, avec une Force, double de cette
différence d'Attractions.

Dènominations. Que A, A,
dèfignent les Corps en queftion ;
& B, B, des Particules du Fluide, ègales en volume à ces Corps,
& difpofées comme dans le Thèo-

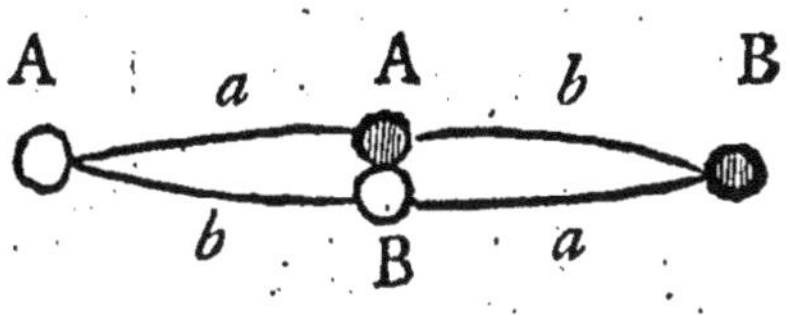

rème dont on vient de voir la Dèmonftration. Que a, dèfigne l'Attraction mutuëlle des A, ou celle des B : Et que b,
dèfigne l'Attraction d'un B par un A, ou d'un A par un B :
De forte que, $a-b$, dèfigne l'excès de l'Attraction mutuëlle
des Homogènes fur celle des Hètèrogènes.

Affertion. Je dis : Que A, tendra vers A ; avec la force
$2a-2b$.

Dèmonftration. L'A à côté duquel nous avons conçu un
B, feroit ègalement attiré en tout fens ; fi ce n'ètoit la prèfence de l'autre A, laquelle n'eft pas entièrement contrebalancée par le B que nous avons conçu prefque à l'oppofite :
De forte, qu'il eft attiré vers cet autre A, avec la difference de ces deux Attractions, favoir $a-b$.

De la même façon : Ce B conçu à côté du premier A,
eft attiré vers l'autre B, avec une force ègale auffi à $a-b$.

Or, ces deux Tendances, fe favorifent mutuëllement.

Donc, leur Force, doit en être doublée ; c'eft-à-dire, ren-
duë ègale à $2a-2b$.

Et, on pourroit en dire autant; foit des A & des B qui
font aux extrèmités de la Figure ; foit de toute autre couple
d'A :

d'A : Parce qu'on pourroit concevoir un B à côté de l'un
d'entr'eux, & un B à l'opposite de l'autre A; tout comme
nous l'avons fait à l'ègard des prèmiers.

Dèmonſtration gènèrale , des Exemples indiqués dans le § 26ᵉ.
du Chapitre IV, & de tous leurs pareils à la fois.

Dèfinition. J'entens par *Impermèabilité* d'un Corps, à un
Courant, ou à certains Corpuſculés de ce Courant: Le Rapport qui règne, entre la portion de matière que ce Corps
intercepte, & toute celle qu'il auroit interceptée s'il eût ètè
entièrement deſtitué de Pores.

Exemples. Ainſi, dans le § 25 du 4ᵉ Chapitre: L'Impermèabilité de chaque goutte d'Eau, à tout le Courant, eſt $\frac{1}{7}$;
l'Impermèabilité de chaque goutte d'Huile, à la moitié groſ-
fière du même Courant, eſt $\frac{1}{5}$; & l'Impermèabilité des mêmes
gouttes, à la moitié ſubtile, eſt $\frac{1}{35}$. Enfin: L'Impermèabilité
de ces gouttes d'Huile, à tout le Courant; eſt, la $\frac{1}{5}$ d'une $\frac{1}{2}$,
avec la $\frac{1}{35}$ de l'autre $\frac{1}{2}$; c'eſt-à-dire, $\frac{1}{10}$ & $\frac{1}{70}$; en tout, $\frac{8}{70}$,
ou $\frac{4}{35}$.

LEMME. Les Corpuſcules qui pouſſent un Corps quelconque vers un autre Corps, ſans être contrebalancés par des
Antagoniſtes directs ; ſont à tous les Corpuſcules deſtitués
d'Antagoniſtes, qui auroient pouſſé ce prèmier vers le ſecond,
s'ils avoient tous deux ètè parfaitement Impermèables : Comme le Produit des Impermèabilités de ces Corps; eſt à l'unité.

Dènomination. Que les Impermèabilités des Corps en queſtion, ſoient nommées $\frac{1}{a}$ & $\frac{1}{b}$.

Aſſertion. Je dis : Que le prèmier Corps, eſt réellement
entrainé vers le ſecond; par la portion $\frac{1}{ab}$, des Corpuſcules
qui l'y auroient pouſſé s'ils euſſent tous deux ètè ſans Pores.

Dèmon-

Dèmonſtration. Le prèmier Corps, eſt pouſſé vers le ſecond; avec la portion $\frac{1}{a}$ d'un Courant non alteré; que je deſignerai par l'unité, ou par $\frac{b}{b}$: Et il eſt pouſſé en ſens contraire; avec la portion $\frac{1}{a}$ d'un Courant de même largeur; mais, que la préſence du ſecond Corps, a réduit aux $\frac{b-1}{b}$ de lui-même. Donc, ce prèmier Corps, eſt réellement entrainé vers le ſecond; par l'excès, de la $\frac{1}{a}$ partie de $\frac{b}{b}$, ſur la $\frac{1}{a}$ partie $\frac{b-1}{b}$; c'eſt-à-dire, par la $\frac{1}{a}$ partie de $\frac{1}{b}$; en un mot, par $\frac{1}{ab}$.

Remarque. Comme on peut démontrer, exactement de la même façon; que le 2^{d} Corps, ſera réellement entrainé vers le 1^{r} auſſi par la portion $\frac{1}{ab}$ d'un Courant tout pareil. Il s'enſuit : Que quelles que ſoient les differences qui règneront entre ces deux Corps, pour la groſſeur, la figure, la quantité des Pores, & leur qualité; toujours, l'Action & la Rèaction ſeront égales. Et elles ſe manifeſteront telles, par les Approches mutuëlles qui en rèſulteront; car ces Approches, ſeront, en tems égaux, en raiſon inverſe des Maſſes.

2de. *Remarque.* Ce qui vient d'être dit de tous les Corpuſcules d'un même Courant, & de tous ceux du Courant qui lui eſt directement oppoſé, peut s'apliquer, à une Claſſe particulière de Corpuſcules, dèterminée de la même façon dans ces deux Courans, par la groſſeur, la figure & la viteſſe des Corpuſcules qui la compoſent.

Bien entendu, qu'alors; l'unité à laquelle on raporte le Produit des Imperméabilités de ces Corps à l'ègard de cette Claſſe, eſt rèlative auſſi à cette Claſſe ſeule.

Corollaire. Aux Fractions $\frac{1}{7}$, $\frac{1}{5}$ & $\frac{1}{35}$, employées dans le

§ 25, du Chapitre Quatriéme ; subſtituant les Fractions $\frac{1}{a}$, $\frac{1}{b}$ & $\frac{1}{c}$. Les deux gouttes d'Eau, feront donc réellement entrainées l'une vers l'autre, par la portion $\frac{1}{aa}$ du Courant qui les auroit entrainées ſi elles avoient été ſans Pores. Les deux gouttes d'Huile, feront entrainées l'une vers l'autre ; par la portion $\frac{1}{bb}$ de la moitié d'un pareil Courant, & par la portion $\frac{1}{cc}$ de l'autre moitié ; en tout, par les $\frac{bb+cc}{2bbcc}$ de ce Courant. Et la goutte d'Eau, fera réellement entrainée vers la goutte d'Huile ; ou celle-ci vers celle-là ; par la portion $\frac{1}{ab}$ d'un demi-Courant, & la portion $\frac{1}{ac}$ de l'autre demi ; en tout, par les $\frac{b+c}{2abc}$ de ce Courant.

THEOREME. Quand $\frac{1}{aa} = \frac{bb+cc}{2bbcc}$. L'une & l'autre féparément, font plus grandes que $\frac{b+c}{2abc}$.

Démonſtration. On entend, que b & c foient Rèelles. Donc, $b-c$ eſt Rèelle. Donc, $bb-2bc+cc > 0$. Donc, par ègale Addition de part & d'autre, $2bb+2cc > bb+2bc+cc$. Donc, par femblable Diviſion, $\frac{bb+cc}{2bbcc} > \frac{bb+2bc+cc}{4bbcc}$. Donc, par l'hypothèſe, $\frac{1}{aa} > \frac{bb+2bc+cc}{4bbcc}$. Donc, par Extraction de Racines Poſitives, $\frac{1}{a} > \frac{b+c}{2bc}$. Donc, par femblable Diviſion, $\frac{1}{aa} > \frac{b+c}{2abc}$. C. q. f. d.

Autrement. Multipliant par $2aabbcc$; on trouve $2bbcc = aabb + aacc$. Tranſpoſant ; on a $2bbcc - 2aabb = aacc - aabb$. Ici, je remarque : Que, comme $b < a$; on a, $bc < ac$; & par con-

conséquent, $bc+ab < ac+ab$. Divifant donc refpectivement les membres de la derniére Egalité, par ceux de cette derniére Inègalité; on obtient, $2bc-2ab > ac-ab$. Tranfpofant de nouveau; on a, $2bc > ab+ac$. Divifant par $2aabc$; on a enfin $\frac{1}{aa} > \frac{b+c}{2abc}$. C. q. f. d.

2^{d}. *Corollaire.* Aux Fractions $\frac{1}{2}$ & $\frac{1}{2}$; qui exprimoient les Raports, qu'avoient avec tout un Courant, la portion groffière & la portion fubtile de ce Courant; fubftituant les Fractions $\frac{1}{p}$ & $\frac{p-1}{p}$.

Au lieu des Fractions $\frac{bb+cc}{2bbcc}$ & $\frac{b+c}{2abc}$; on trouvera les Fractions $\frac{(p-1)\,bb+cc}{pbbcc}$ & $\frac{(p-1)\,b+c}{pabc}$.

THEOREME. Quand $\frac{1}{aa} = \frac{(p-1)\,bb+cc}{pbbcc}$. L'une & l'autre feparèment, font plus grandes que $\frac{(p-1)\,b+c}{pabc}$.

Dèmonftration. On entend que b & c foient Rèelles. Donc, leur Difference, $b-c$, eft Rèelle auffi. Donc, fon Quarré eft Pofitif; c'eft-à-dire, que, $bb-2bc+cc > 0$. Donc, ajoutant $2bc$ de part & d'autre; $bb+cc > 2bc$. Donc, multipliant de part & d'autre par $p-1$, qui eft une quantité Pofitive; $bb\,(p-1)+cc\,(p-1) > 2bc\,(p-1)$. Donc, ajoutant de part & d'autre, $bb\,(pp-2p+1)+cc$; $bb\,(pp-p)+ccp > bb\,(pp-2p+1)+2bc\,(p-1)+cc$. Donc divifant de part part & d'autre par la quantité Pofitive $bbccpp$; $\frac{bb\,(p-1)+cc}{bbccpp}$ $> \frac{bb\,(pp-2p+1)+2bc\,(p-1)+cc}{bbccpp}$. Donc, par, l'hypothèfe; $\frac{1}{aa} > \frac{bb\,(pp-2p+1)+2bc\,(p-1)+cc}{bbccpp}$. Donc, tirant la Raci-

ne

ne Positive de part & d'autre ; $\frac{1}{a} > \frac{b(p-1)+c}{bcp}$. Donc, divisant de part & d'autre par la quantité Positive a ; $\frac{1}{aa} > \frac{b(p-1)+c}{abcp}$.. C. q. f. d.

Autrement. Multipliant par $aabbccp$; on trouve, $bbccp = aabb(p-1) + aacc$. Transposant ; on a, $bbccp - aabbp = aacc - aabb$. Divisant par $bc + ab < ac + ab$; on a, $bcp - abp > ac - ab$. Transposant de nouveau ; on obtient $bcp > abp - ab + ac$. Divisant par $aabcp$; on a enfin, $\frac{1}{aa} > \frac{bp - b + c}{abcp}$. C. q. f. d.

ADDITIONS ET CORRECTIONS,

Poſtérieures au terme preſcrit pour le Concours.

LA Diſpoſition & l'Expreſſion d'un Ecrit, me coutant toujours infiniment plus que l'Invention ; &, des Recherches
ſur pluſieurs ſujets importans, jointes à d'autres cauſes qui n'in-
tereſſeroient point le Public, m'ayant empêché de donner
beaucoup de ſoins à cet *Eſſai*, lorſqu'il étoit queſtion de l'en-
voyer à l'Academie de Roüen : Je vois, qu'il me faudroit
entièrement en refondre pluſieurs morceaux, ſi je voulois
leur donner toute la ſolidité & la netteté dont ils ſont ſuſcepti-
bles. Mais, les mêmes obſtacles que ci-devant, s'oppoſant
toujours à ce travail : Je ne toucherai point du tout, à la
Liaiſon ni à la Forme des Propoſitions ; & je me bornerai à
quelques Additions & Corrections détachées. D'ailleurs, le
Public prendra une idée plus juſte, de ce qui a mérité à ma
Pièce la diſtinction dont elle a été honorée ; quand il la verra dégagée de tous les changemens que j'aurois pû y inſerer
chacun à leur place.

Sur le Chapitre premier, § 6.

L'*Elaſticité* des *Solides*, m'a toujours moins embarraſſé que
celle des *Fluides*. Soit, parce qu'elle m'a parû tenir à des
circonſtances accidentelles ; au lieu que l'Elaſticité des Fluides, eſt plus univerſelle & plus inalterable : Soit, parce qu'on
peut déduire aſſez heureuſement cette prémière, ou de l'At-

trac-

traction, ou de certaines Impulsions ; ce qui paroit très difficile à faire pour la seconde : Soit enfin, parce qu'elle pourroit bien quelquefois, être une suite de l'Elasticité de quelques Fluides renfermés dans les Pores ; au lieu que l'Elasticité des Fluides, ne paroit point découler de celle des Solides, vû la prodigieuse Expansibilité de ces premiers, & leur proprieté de perdre & de recouvrer leur Ressort toutes les fois qu'on en sépare & qu'on en remêle les particules. Or, le 1^r Décembre 1759 ; j'ai enfin trouvé la vraie Cause Méchanique, & de l'*Elasticité des Fluides*, & de mille autres Phènomènes en même tems. Et je me propose, de la communiquer aux Lecteurs curieux de ces sortes de matières ; dès qu'ils seront suffisamment informés de ma Théorie des Corpuscules Ultramondains, telle qu'elle est exposée dans le 2^d, Chapitre de cet *Essai*.

En attendant : Je vais tâcher de justifier en deux mots, ce que je viens de dire, de l'aptitude de l'Attraction à produire du Ressort, plutôt dans les Solides que dans les Fluides.

I. L'*Elasticité*, est la Force avec laquelle un Ressort résiste à être bandé ; c'est-à-dire, à ce que quelques-unes de ses parties soient raprochées, & à ce que quelques autres soient éloignées. Mais, la Force qui resisteroit immediatement au premier de ces Effets ; bien loin d'être une Attraction, ne pourroit être qu'une Répulsion. Si donc c'est l'Attraction, qui cause immèdiatement l'Elasticité des Solides ; ce ne peut être, qu'en resistant à l'Eloignement mutuël de quelques-unes de leurs Parties : Et même, cette Cause doit être supposée d'autant plus vigoureuse ; qu'elle ne laisse pas d'être sensiblement efficace, quoiqu'elle soit un peu contrebalancée par l'effort que fait la même Attraction sur les parties qu'on raproche quand on bande le Ressort. Or, un Ressort qui a opposé une certaine Resistance à être un peu bandé ; en oppose encore davantage, à être bandé ultèrieurement. Si donc

c'est

c'eſt l'Attraction, qui cauſe l'Elaſticité des Solides ; c'eſt une Attraction qui augmente à meſure qu'on augmente l'Eloignement mutuël des Parties dont dèpend cette Elaſticité. Mais, cette Loi d'augmentation, eſt contraire aux Loix de diminution, que ſuivent toutes les Attractions connuës, tant que rien ne modifie leur façon d'agir. On ne peut donc expliquer l'Elaſticité des Solides par l'Attraction : Qu'en employant les moyens connus des Gèomètres, pour rendre directement proportionnelle aux Diſtances ou à quelqu'une de leurs Puiſſances ou Fonctions, une Attraction qui naturellement ſeroit reciproquement proportionnelle au Quarré ou à quelqu'autre Fonction de ces Diſtances : En concevant, par exemple ; que chaque Particule amovible, eſt plongée dans une Partie Sphèrique beaucoup plus groſſe qu'elle ; ce qui (*Princip. Math. Lib. I. Prop.* 73.), peut changer une Attraction rèciproquement proportionnelle au Quarré de la Diſtance, en une Attraction directement proportionnelle à la Diſtance ſimple. Effet, dont on obtiendra à peu près l'èquivalent ; en ſuppoſant au moins : Que les Parties des Solides Elaſtiques, ſont entrelacées ou engagées les unes parmi les autres ; de façon, à ne pas ſe dègager entièrement lorſqu'on flèchit ces Solides ; ou du moins à ne quitter le voiſinage des unes, que pour s'enfoncer dans le voiſinage des autres. On peut donc concevoir, comment à peu près, l'Attraction peut produire de l'Elaſticité, dans les *Soſides* tiſſus d'une certaine façon : Ce que je m'ètois propoſé de prouver prémièrement.

II. Mais, il n'en eſt plus de même des *Fluides.* Outre l'impuiſſance du mèlange d'autrés Fluides plus Attractifs, pour produire de la *Rèpulſion* dans leurs Particules (voyez le § 20e. du Chapitre que nous commençons). Il faut remarquer encore : Que cette Rèpulſion, dans l'Air au moins, devroit ſuivre la ſimple Raiſon inverſe des Diſtances (*Princip. Math. Lib. II. Prop.* 23.) ; & non leur Raiſon inverſe dou

blée

blée ou triplée, comme semblent le faire toutes les Attractions. Or, toutes les tentatives que j'ai faites, pour changer cette raison compofée en raifon fimple ; s'étant trouvées infructucufes, malgré la grande diverfité des moyens que j'ai employés pour en venir à bout : J'ofe préfumer, que cette Converfion, eft vraifemblablement impraticable. Je conclus donc : Que l'Attraction . eft vraifemblablement impuiffante, pour expliquer l'Elafticité des Fluides ; Ce que je devois prouver en fecond lieu.

Quant aux *petits Tourbillons* ; par lefquels on a fouvent tenté d'expliquer la nature des Fluides Elaftiques. Je ne veux employer aucune autre raifon pour les rejetter ; que leur impoffibilité (voyez le § 9ᵉ du Chapitre 2ᵈ) à fubfifter deux momens fans fe diffiper, parmi le Vuide, ou le Milieu nonrefiftant, dont ces Fluides abondent. L'abondance de ce Vuide, ou de ce Milieu non-rèfiftant ; eft prouvée de plufieurs façons : En particulier, par les Expèriences & les Calculs de Mr. NEWTON ; fur le peu de Refiftance que les Pendules èprouvent dans l'Air, en comparaifon de celle qu'ils devroient èprouver fi les interftices de ce Fluide Elaftique étoient occupés par un Milieu Rèfiftant.

Sur le Chapitre premier, § 16.

Gènèralement : La fomme des Quarrés de deux nombres, eft plus grande, que le double du Produit de ces nombres. Ou : Dans toute Proportion Gèomètrique Continuë ; la fomme des Extrêmes, eft plus grande que le double du Moyen.

Au refte : La Dèmonftration renfermée dans ce Paragraphe, ètant fondée fur un Principe tout different de celui par lequel je devois dèmontrer le Paragraphe prècèdent dans le Chapitre VI ; & ayant même pour objet un Cas tout different : Rien n'ètoit plus irrègulier, que de donner ce § 16,

pour

pour Exemple du § 15. Mais, preſſé par l'approche du terme de l'Envoi ; je me laiſſai aller à la tentation d'employer la mèthode qui me promettoit un peu plus de facilité à s'ènoncer clairement.

Quatre autres façons de concevoir l'immenſe Rarité des Corps ; annoncées dans le Chapitre premier, § 24.

Prèmière façon. Quand pluſieurs grandes Poutres, de même largeur & èpaiſſeur, ſont ètenduës ſur un même plan, parallèlement les unes aux autres ; de façon, que la largeur de leurs Intervalles, vaille neuf fois la largeur d'une Poutre : Leur quantité de Bois, eſt la dixiéme partie du volume de toute la Couche. Si donc on poſe ſur cette Couche, une Couche pareille ; mais dont les Poutres ſoient dirigées dans un autre ſens, afin qu'elles ne tombent pas dans les intervalles de la prèmière Couche : Et qu'on en poſe une troiſiéme ſur cette ſeconde, avec la même prècaution ; puis une quatriéme ; &c : Le Bois de ce Monceau, ſera la dixiéme partie de tout ſon Volume. Suppoſons à prèſent ; que chacune de ces grandes Poutres, eſt elle-même un Monceau de petites Baguettes, rangées entr'elles comme les Poutres du grand Monceau ; de ſorte que, la dixiéme partie ſeulement de chaque Poutre, ſoit véritablement de Bois : Il n'y aura alors dans le grand Monceau, que la dixiéme partie de la dixiéme, qui ſoit véritablement de Bois ; c'eſt-à-dire, la centiéme. Concevons, qu'il en eſt de même, de la *Compoſition des Corps Naturels*, que de celle de ces Monceaux artificiels : Mais, qu'au lieu de deux *Ordres* ſucceſſifs de Baguettes ou Fils ; il y en ait trois, quatre, &c, ſubordonnés les uns aux autres de la même façon. On comprend aiſément ; que la Matière de ces Corps, ne ſera que la milliéme partie de leur Volume, la dix-milliéme, &c : Le nombre des

I

zèros

zèros de cette Fraction, ègalant prècifément le nombre des Ordres. De forte que, au bout de 21 Ordres, par exemple ; la Matière, feroit la mille-trillioniéme du Volume (j'entens par *Trillion*, un million de millions de millions) ; Cas, dont nous aurons occafion de parler, au § 26me, tel que le préfenteront les corrections que nous y ferons bièntôt.

Seconde façon. C'eft de concevoir les Corps, comme un affemblage de Boules ègales, dont chacune eft elle-même compofée de Boules ègales, & ainfi de fuite. Or : La quantité de matière d'un monceau nombreux de Sphères ègales, rangées regulièrement en figure quelconque ; eft à celle d'un bloc folide de mêmes dimenfions ; comme la circonférence d'un Cercle ; eft au triple de la diagonale du quarré circonfcrit (ainfi qu'on le verroit aifément, fi la dèmonftration que j'en ai, n'ètoit pas trop longue pour devoir être inférée ici): Ce qui fait environ, le rapport de $\frac{355}{113}$ à 3 fois $\frac{577}{408}$, qui eft celui de 48280 à 65201, ou à peu près de 20 à 27. Donc : S'il y a deux Ordres de Boules ; la matière, fera les $\frac{48280}{65201}$ des $\frac{48280}{65201}$ du Volume apparent : S'il y en a trois Ordres ; la matière, fera les $\left(\frac{48280}{65201}\right)^2$ du Volume : Et ainfi de fuite. Donc : S'il y a, par exemple 23 Ordres ; la matiere, fera les $\left(\frac{48280}{65201}\right)^{23}$ du Volume ; c'eft-à-dire, à très peu près, la $\frac{1}{1000}$: Et, fi le nombre des Ordres, eft feptuple de 23, c'eft-à-dire, 161 ; le nombre des zèros de Dènominateur de la Fraction qui exprime la Denfité, fera feptuple de trois, c'eft-à-dire 21 ; de forte que, cette Denfité, fera d'une mille-trillioniéme ; ce qui eft le Cas dont nous avons befoin au § 26me corrigé.

Troifiéme façon. Des Boules, dont le diamètre, foit beaucoup plus petit que la diftance de leurs Centres ; unies par des Fils roides, beaucoup plus minces encore.

Si, par exemple, ces Boules ètoient ègales, & rangées régulièrement ; fi leur maffe feule, ètoit les $\frac{48280}{65201}$, de cette

te

te même masse augmentée de celle des Fils ; & si leur diamètre, ètoit la dix-millioniéme partie ($\frac{1}{10^7}$) de la distance de leurs Centres : La Masse du Corps composé de la sorte, seroit la mille-trillionième ($\frac{1}{10^{21}}$) de son Volume Apparent.

Quatriéme façon. On pourroit ne conserver du Tissu précèdent, que les Fils : Et, au lieu de les faire prismatiques ; cylindriques par exemple, comme on seroit porté à les concevoir ; les supposer formés d'une *File de Boules* ègales contiguës, pour la commodité du Calcul. Alors, si l'on vouloit, que la Masse du Composé, ne fût, par exemple, que la mille-trillioniéme partie du Volume apparent : Il faudroit, que la distance des points d'intersection des Files, valût environ $\sqrt{}$ [$10^{21} \times 6 \times \frac{20}{27}$] fois le diamètre des Boules ; ce qui fait les deux-tiers de cent-mille-millions.

Dans la recherche des conséquences de ce dernier Tissu ; on pourra s'aider du Thèorème suivant : L'Attraction, qu'une File rectiligne fort nombreuse de Boules ègales, exerce sur la prémière Boule de la File ; est à la sixiéme partie de l'Attraction que la seule seconde Boule exerce sur cette même prémière ; en raison doublée, de la Circonférence d'un Cercle à son Diamètre ; c'est-à-dire, comme 9. 869, 604, 401, 089, 358, 618, 834, 4 &c, est à l'unité.

Corollaires des §§ 15 & 16 du Chapitre prèmier.

La difference de deux quantités, est ègale à la plus petite d'entr'elles ; lorsque celle-ci, est la moitié de la plus grande : Cette Difference, est supèrieure à cette petite quantité ; lorsque celle-ci, est moindre que la moitié de la grande : Et cette même difference, est moindre que cette même peti-

te

te quantité ; quand celle-ci, eſt ſupèrieure à la moitié de la grande.   Enfin ; il en eſt de même dans ces trois cas, des *Quarrés des differences*, comparés à celui de la plus petite des deux quantités.

Donc : La *Cohèſion* de deux Particules de matière, n'augmentera ni ne diminuëra, par leur Immerſion dans un Fluide ; lorſque leur Denſité, ſera la moitié de celle de ce Fluide : Cette Cohèſion augmentera par cette Immerſion ; lorſque la Denſité de ces Particules, ſera inférieure à cette moitié : Et elle diminuera ; lorſque la Denſité des Particules, ſurpaſſera la moitié de celle du Fluide.

La vèrité de ce dernier cas, eſt aiſée à èprouver ; & on l'èprouve en effet tous les jours : C'eſt-à-dire ; que preſque tous les Corps qui ont plus de conſiſtence que la moitié de celle d'un Fluide, en perdent une partie, lorſqu'ils y ſont plongés.

Le cas oppoſé, eſt plus difficile à examiner.   Il n'eſt cependant pas impraticable : Et peut-être, certains Fluides, perdroient-ils une partie de leur fluidité ; ſi on les plaçoit dans du Mercure, & qu'on les y maintint par quelque artifice, contre les efforts de la difference des Peſanteurs.

Sur le § 26ᵐᵉ du Chapitre prèmier.

Au lieu de, *dix-mille fois, dix trillions, 4700 pouces, 63ᵐᵉ puiſſance, & 63 Ordres ; liſez, plus d'un million de fois, plus de mille trillions, 480 000 pouces, 70ᵐᵉ puiſſance, & 70 ordres.   Car : L'Experience montre, qu'une Corde d'Acier, caſſe, ètant tenduë par un Poids qui eſt environ 12000 fois plus grand que le Poids de 40 pouces de cette Corde.* Mémoires de l'Acadèmie Royale des Sciences de Paris pour 1713.

Au reſte : J'oubliai dans cette Dèmonſtration, une conſidèration abſolument eſſentielle.   Mais, cet oubli, ſera entièrement

rement rèparé, dans l'Ouvrage que j'ai promis au commencement de ces Additions & Corrections. On y verra : Que
la prodigieufe fupèriorité de l'Attraction au Contact fur l'Attraction à diftance Finie ; ne peut pas fe dèduire, il eft vrai,
de la Loi des Quarrés, combinée avec certaines Formes ;
mais, qu'elle fe dèduit très naturellement, de la même Caufe Mèchanique que cette Loi, combinée avec des Formes
très naturelles.

Sur le dernier Paragraphe du premier Chapitre.

On range les Boulets de Canon dans les Arfenaux, de deux
façons, fort differentes à l'extèrieur, mais qui ne different
intèrieurement que par la pofition des Couches rèlativement
au terrain. Quand des Sphères ègales & contiguës, font rangées de la forte : Elles laiffent entr'elles, deux fortes de Cavités, & deux fortes de Paffages. 1°. Des *Cavités Octaëdroï-*
des, entre fix Sphères, dont les Centres, forment les fommets
des angles d'une double Pyramide quarrée èquilaterale, ou les
milieux des faces d'un Cube ; arrangément, que Mr. LEWENHOEK
a obfervé avoir lieu, dans le fecond ordre des globules qui
conftituent la partie rouge du fang humain : Le nombre de
ces Cavités, eft ègal à celui des Sphères du monceau ; & la
plus grande Sphèrule qui puiffe les occuper, ne peut pas y
entrer ou en fortir, fans ècarter quelqu'une de ces fix Sphères. 2°. Des *Cavités Tetraëdroïdes*, entre quatre Sphères,
dont les Centres forment les fommets d'une pyramide trian-
gulaire règulière : Leur nombre, eft double de celui des
Sphères ; & la plus grande Sphèrule qui puiffe y être logée
librement, ne fauroit paffer librement dans les Cavités voifines. 3°. Des *Paffages tortueux* ; qui n'admettroient pas
même une ligne droite fans largeur, dès qu'elle excèderoit
une certaine longueur ; mais qui traverfent tout le monceau

I 3

en

en ondoyant : Leur moindre coupe transversale, est le *triligne èquilatèral*, par lequel communiquent les Cavités de deux
espèces qu'on vient de designer : C'est celui que laissent entr'eux, trois grands Cercles des Sphères, lesquels sont dans
un même plan, & se touchent mutuëllement. 4°. Des *Paffages directs*; qui admettent une Baguette indéfiniment longue, dont la coupe transversale est un *triligne isofcèle* : Ce
triligne, est celui, que laisseroient entr'eux, trois grands Cercles de nos Sphères, tracés sur un même plan ; dont deux se
toucheroient, & dont le troisiéme prendroit sur chacun des
prèmiers, la sixiéme partie de la circonférence : Il se trouve de ces Passages directs, dans un monceau de Sphères, selon six sens differens (par exemple, immèdiatement sous chaque Arrète d'un Monceau Tetraëdral) ; & leur nombre selon chaque sens, est double de celui des rangées de Sphères selon le même sens.

Voyons à prèsent, quelles sont les *Grosseurs des Sphèrules*;
tant de celles qu'on peut inscrire dans l'une & l'autre Cavi-
té, que des plus grandes qui puissent passer indirectement par
l'un de ces Passages, & directement par l'autre.

En supposant, que le Rayon des Sphères, est ègal à l'unité : La distance du Centre d'une Sphère, à celui d'une Sphè-
rule qui la touche; est, $\sqrt{2}$, $\frac{1}{2}\sqrt{6}$, $\frac{2}{3}\sqrt{3}$, $\frac{3}{4}\sqrt{2}$: De sorte
que, le *Rayon* de ces differentes Sphèrules, est, $\sqrt{2}-1$, $\frac{1}{2}\sqrt{6}-1$,
$\frac{2}{3}\sqrt{3}-1$, $\frac{3}{4}\sqrt{2}-1$; à peu près, $\frac{29}{70}$, $\frac{9}{40}$, $\frac{13}{84}$, $\frac{33}{744}$. Donc, la
Solidité des Sphères, ètant exprimée par l'unité : La *Soli-
dité* des Sphèrules, sera, $5\sqrt{2}-7$, $\frac{9}{4}\sqrt{6}-\frac{11}{2}$, $\frac{26}{9}\sqrt{3}-5$, $\frac{99}{32}\sqrt{2}-\frac{35}{8}$;
à peu près, $\frac{1}{14}$, $\frac{1}{88}$, $\frac{1}{270}$, $\frac{1}{4480}$.

La Dèmonstration de ces diverses Propositions, rempliroit
plusieurs pages; ce qui fait que je n'ose pas l'insérer ici.
Mais, on peut compter sur leur exactitude : Parce que,
ayant èté appellé à en faire usage dans plusieurs questions de
Physique ; j'ai crû devoir y donner toute l'attention possible.

Voi-

Voici encore une Propoſition ſur ce ſujet ; qui pourroit trouver ſon application dans le ſecond Chapitre de cet *Eſſai.*

Si un Monceau de Sphères, a la forme d'un Priſme droit ; dont l'axe ſoit parallèle à l'une des ſix directions ſelon leſquelles il y a des Paſſages directs ; & que la ſurface continuë & plane qui peut ſervir de Baſe à ce Priſme, ſoit exprimée par $\sqrt{2}$: La *Permèabilité* de ce Priſme, à un Fluide ſubtil qui ne ſe mouvroit que dans ce ſens ; c'eſt-à-dire, la ſomme des Trilignes iſoſcéles qui ſervent de baſe aux Paſſages directs ; ſera exprimée par la même Formule qui deſigneroit la ſurface d'un de ces Trilignes lorſque le Rayon des Sphères ſeroit l'unité ; ſavoir, par $\sqrt{2} - \dfrac{circonf.}{6\,diam.} - \tfrac{1}{2}\sqrt{3}$; environ, 0. 02459, ou $\frac{1}{122}$: De ſorte que ; la ſomme des Trilignes ſeuls, ſera à toute la baſe du Priſme ; comme l'unité,

$$\text{eſt à } \frac{12\,diam.}{12\,diam. - circonf.\sqrt{2} - 3\,aiam.\sqrt{6}} = 57.\ 511\ \&c.$$

Sur le § *6*^me *du Chapitre ſecond.*

Si, dans le Fluide qui produit les Attractions, les *Directions* voiſines, forment entr'elles, les Arrêtes d'autant de pyramides quarrées indèfiniment longues ; dont chacun des angles plans, ſoit d'un degré, ou d'une minute, ou d'une ſeconde : Le nombre de ces directions ; ſera, 41 252 $\frac{171}{180}$, ou 148 510 660$\frac{2}{3}$, ou 534 638 377 792. 472 624 64. Ce qui ſe dèduit ; de ce que, le nombre des Points qu'on peut ranger *quarrément* ſur la ſurface d'une Sphère à une diſtance mutuëlle donnée, eſt au nombre de ceux qu'on pourroit ranger ſur le quarré de la circonférence d'un de ſes grands Cercles (c'eſt-à-dire, au quarré de 360, ou de 21600, ou de 1296000) ; comme le diamètre d'un Cercle, eſt à ſa circonférence ; c'eſt-à-dire, comme 0. 318 309 886 183 79 &c, eſt à l'unité.

Mais,

Mais, fi ces Pyramides font Triangulaires : Le nombre
des Directions, fera plus grand pour chaque cas, que le nombre prècèdent qui lui correfpond ; dans le raport du côté d'un
Triangle Equilatèral à fa hauteur ; c'eft-à-dire, de *deux*, à la
racine quarrée de *trois* ; ou, de 1. 154 700 538 379 251 528,
à l'unité. Car, telle eft la raifon inverfe des diftances de
deux rangées voifines ; quand une furface, eft couverte de
points èquidiftans, rangés *quarrément* dans un cas & *trian-*
gulairement dans l'autre. Ces nombres de Directions, feront
donc : 47 634. 816, 171 485 339. 741, & 617 347 222
675. 172.

Sur le § 15ᵐᵉ du Chapitre Second.

Quelques Phyficiens, ayant tiré de ces mêmes Phènomènes, une *Objection* contre toute Explication Mèchanique de
la Gravitation, faite ou à faire : Je dois au Lecteur, un petit Eclairciffement fur la fource de leur méprife ; en attendant une Differtation, où je traite cette matière à fond malgré fon èvidence, à caufe du grand nombre de perfonnes
qui s'en font laiffé impofer par cette Objection.

Elle porte toute, fur le choix d'un certain Adverbe de
quantité (ou *prècifément* ou *fenfiblement*. *Aut accuratè aut*
quàm pròximè, comme dit fi fouvent Mr. Newton dans d'autres occafions) ; qui devoit entrer nèceffairement dans l'une
des Premiffes de leur Argument : Mais ; que les plus èclai-
rés d'entre ces Phyficiens, avoient foufentendu, ce qui les
avoit empêché d'appercevoir nettement l'accord ou l'oppofi-
tion de cette Prèmiffe avec l'autre ; & que les moins èclai-
rés d'entr'eux, avoient fuppléé & exprimé, en le dèterminant
tout à fait au hazard. Voici cette Objection, prefentée à la
façon de ces derniers.

„ Toute Caufe Mèchanique, d'un Effet proportionné à
　　　　　　　　　　　　　　　　　　　　　　„ des

„ des Objets extèrieurs, & par conféquènt venant de l'ex-
„ tèrieur; n'agit pas fi librement fur les parties intèrieures
„ des Corps, que fur leurs parties extèrieures. Si donc la
„ Gravitation, étoit duë à une Caufe Méchanique; cette
„ Force n'affecteroit pas les parties intérieures des Graves,
„ précifément autant que les extèrieures; & par conféquent,
„ elle ne feroit pas précifément proportionnelle à leur quan-
„ tité de matière. Mais, les *Faits* prouvent, que la Gravi-
„ tation, eft *prècifément* proportionnelle à la quantité de ma-
„ tière. Donc, cette Force n'eft pas duë à une Caufe Mè-
„ chanique. "

Cèt Argument, tombera entièrement; s'il n'eft, & ne
peut pas être; prouvé par aucun *Fait*, que la Gravitation
foit *prècifement* proportionnelle aux Maffes. Eh! comment un
Fait, pourroit-il prouver, que deux chofes font *prècifément*
proportionnelles à deux autres? Puifque nos Sens, aidés des
meilleurs Inftrumens, ne peuvent pas même appercevoir en
aucune matière, fi deux chofes font ègales, *à une millioniè-
me près;* comme le feroit voir aifément, une Enumèration
de tous les objets fur lefquels peuvent porter nos Obfervations & nos Expèriences. En particulier : Les Obfervations
& les Expèriences, fur lefquelles Mr. NEWTON a ètabli (*Principes, Livre III. Prop.* 6.), que la Gravité, tant Célefte que
Terreftre, ètoit proportionnelle à la quantité de matière; ne
donnent cette Proportion, qu'*à une milliéme près* (& fur quelques Corps feulement; tout le refte, s'en dèduifant par Analogie.) Mais, elles ne pourroient jamais la donner *à une
cent-milliéme près;* quelque foigneufement qu'elles fûffent
exècutées; & quand même on y joindroit une autre confidèration, tirée de ce que les Corps Céleftes obfervent *fenfiblement* & *à peu près* les loix de *Kepler* (voyez les *Phènomènes* qui font à la tête du troifiéme Livre des *Principes,*
& furtout le 4me) : Bien loin de pouvoir donner cette Pro-

K

por-

portion *prècifément*; comme le prèfument ceux qui ont vû
citer ces Propofitions de Mr. NEWTON, ou qui même en
ont lû l'Enoncé, mais fans avoir lû les preuves dont il les ac-
compagne.

En fuppofant, que la Matière qui caufe la Gravitation
univerfelle, pènètre jufqu'au Centre du Globe Terreftre, fans
qu'il en foit intercepté plus de la cent-milliéme partie; &
qu'il en eft de même à proportion dans tous les autres Corps:
Toutes les conféquences de cette *Interception*, feront *Imperceptibles*. On fe familiarifera quelque peu avec cette im-
menfe *Permèabilité*; fi l'on refléchit à celle qu'on eft déja
obligé d'admettre dans ce même Globe Terreftre, pour concevoir l'influence du Magnetifme de fes entrailles fur nos
Aiguilles aimantées.

Je joindrois bien ici encore quelques Reflexions; pour dif-
fuader pleinement les perfonnes qui fe figurent que la Gravitation eft *prècifément* proportionnelle à la quantité de Matière. Mais, comme la dèfiance de leurs propres lumières,
pourroit les faire tenir en garde, contre les Raifonnemens
qu'un homme inconnu oppoferoit aux dècifions apparentes
de plufieurs Auteurs connus, qui avoient négligé d'ènoncer
certains correctifs nèceffaires; à moins que je n'entraffe dans
des détails que d'autres perfonnes trouveroient déplacés : Il
fera plus court, de prèfenter à ces prèmières, quelque grande *Autorité* contre cette prètenduë *précifion*; puifqu'elles font
plus fenfibles à ce genre de preuve. Je choifirai celle de
Mr. *Daniel* BERNOULLI; qui s'exprime de la forte, dans le
IVme. Volume de l'Académie de Berlin, pages 361 & 362.

„ ..... Suppofé cependant, qu'une même quantité de matière,
„ eft douée d'une même force attractive; Principe, que je ne
„ prens pas encore pour tout-à-fait fûr, par raport à toute
„ la matière qui compofe l'Univers. Il n'y a fans doute au-
„ cune contradiction, à fuppofer, que la vertu attractive, de
„ même

„ même que l'inertie, de la matière qui compofe le Soleil, puif-
„ fent être differentes de la vertu attractive & de l'inertie
„ de la matière qui compofe les Planètes. Et, fi on fuppo-
„ foit, la vertu attractive incomparablement plus petite, ou
„ l'inertie incomparablement plus grande, dans la matière
„ du Soleil, que dans celle des Planètes ; le Soleil ne pour-
„ roît être dèplacé, par les differentes configurations des Pla-
„ nètes : Et peut-être que cette Suppofition, eft plus confor-
„ me aux Obfervations Aftronomiques rapportées à un même
„ Syftème, que n'eft celle de Mr. NEWTON. Si l'on vou-
„ loit donc, confidèrer les corps, comme doüés d'une ver-
„ tu attractive differente ; il faudroit encore, multiplier cha-
„ que maffe, par fa vertu attractive. “

Cette même *Autorité*, pourra auffi engager ces mêmes
perfonnes, à fufpendre de même leur jugement, fur la force
ou la foibleffe de deux autres Objections, qui fe prèfentent
à faire contre toute Explication mèchanique de la Pefanteur ;
en attendant la Differtation que j'ai annoncée. Ces objections,
portent auffi, contre le dèfaut de proportion qu'il devroit y
avoir, entre le Poids des Corps & leur quantité de matière :
Dèfaut, qu'on n'aperçoit cependant pas ; d'où ces perfonnes
concluënt, qu'il n'exifte pas. La plus rebatuë des deux, a
pour objet, la difproportion qui doit règner, entre les furfaces des Corps, fur lefquelles feules porte l'Action de la matière Gravifique ; & les Maffes de ces mêmes Corps, def-
quelles feules découle la Refiftance qu'ils oppofent eux-mêmes
à cette Action. L'autre Difficulté, roule, fur la diverfité
du Tiffu des Corps, & fur l'inègalité de leurs Pores ; qui
doivent introduire dans ces Corps, differens raports de Perméabilité aux Corpufcules Gravifiques, & furtout à ceux de
differentes groffeurs.

Sur le § 26ᵐᵉ du Chapitre II.

Lemme. Quand deux Corps égaux, mûs avec des viteſſes oppoſées & égales; rencontrent au même inſtant, un Corps intermèdiaire, qui ſe meut plus lentement qu'eux ſur la même ligne. Le mouvement de ce dernier, en eſt deux fois autant retardé; que ſi l'un des deux premiers, s'étoit trouvé en repos ſur ſa route.

Démonſtration. La viteſſe reſpective du Corps intermédiaire & de celui qui va à ſa rencontre, eſt plus grande que ſi l'intermédiaire étoit en repos, d'une quantité égale à la viteſſe propre de celui-ci; & la viteſſe reſpective du même Corps intermèdiaire comparé avec celui qui le ſuit, eſt plus petite que ſi l'intermèdiaire étoit en repos, d'une pareille quantité. Or, tout changement qui arrive à la viteſſe d'un Corps par le choc d'un autre Corps, eſt égal à leur viteſſe reſpective, multipliée par la maſſe du ſecond corps, & diviſée par la ſomme des deux maſſes. Donc, la retardarion & l'accélération du Corps intermèdiaire; ſont l'une plus grande & l'autre plus petite que la viteſſe qu'auroit acquis ce Corps, s'il eût èté en repos avant que d'eſſuyer ces chocs; d'une quantité égale à ſa viteſſe réelle propre, affectée d'un pareil multiplicateur & d'un pareil diviſeur. Donc, le Rallentiſſement qui réſulte de l'excès de cette retardation ſur cette accélération, lequel ſeroit nul dans le cas où le corps intermèdiaire ſeroit en repos; vaut ici, deux fois la viteſſe propre de ce Corps intermèdiaire, toujours multipliée par la maſſe d'un des extrêmes, & diviſée par la ſomme des maſſes du Corps intermèdiaire & d'un de ces extrêmes; c'eſt-à-dire; deux fois le Rallentiſſement qu'auroit eſſuyé ce Corps intermèdiaire de la part d'un des extrêmes, ſi celui-ci s'étoit trouvé en repos ſur ſa route.

Symboliquement. Nommant *m*, la maſſe du corps inter-
mèdiai-

mèdiaire ; 1, la maſſe de chacun des extrêmes ; 1, la viteſſe du Corps intermèdiaire avant le choc ; & v, la viteſſe de
chacun des extrêmes avant le choc. Le rallentiſſement du
Corps intermèdiaire ; ſera , $(v+1) \times \dfrac{1}{m+1} - (v-1) \times \dfrac{1}{m+1}$

$= 2 \times \dfrac{1}{m+1}$.

Corollaire. Pourvû que la viteſſe des Corps extrêmes ſoit
plus grande que celle du Corps intermèdiaire : La grandeur
quelconque de celle-là au delà de ce point, n'influë point
du tout ſur le Rallentiſſement qui doit arriver à celle-ci.
Puiſque cette première viteſſe, n'entre pour rien, dans l'expreſſion finale (verbale ou ſymbolique) de ce Rallentiſſement.

Exemple. Que la Maſſe du Corps intermèdiaire, ſoit ſuppoſée valoir un million de fois celle des Corps extrêmes :
Et que leur Viteſſe, ſoit dècuple ou centuple de la ſienne ;
de ſorte que, les Viteſſes reſpectives, ſoient neuf & onze,
ou 99 & 101. Toujours arrivera-t-il ; que le Rallentiſſement du corps intermèdiaire, ſera les $\frac{2}{1000001}$ de toute ſa
Viteſſe.

Remarque. Dans l'Enoncé de ce Lemme ; j'ai exigé, que
le Corps intermèdiaire, fût *plus lent* que les extrêmes : Afin
qu'il pût être rèellement atteint par celui qui le pourſuit,
& par conſéquent accèléré en raiſon de leur viteſſe reſpective. Car, ſi l'intermèdiaire, alloit *plus vite* que celui qui le
pourſuit ; de ſorte que leur viteſſe reſpective fût négative :
Il ne s'enſuivroit pas que celui-ci produiroit ſur celui-là une
Accélération *négative*, c'eſt-à-dire, une Retardation ; comme cependant cela ſeroit nèceſſaire, pour que la concluſion
de notre Lemme fût applicable à ce cas auſſi. Mais, cette
Accélération, ſeroit ſeulement *nulle*. Le Rallentiſſement fi-
nal, ſeroit donc, $(v+1) \times \dfrac{1}{m+1} - 0$. Et, comme on auroit

K 3

$v < 1$,

$v < 1$, ce qui donne $(v+1) \times \dfrac{1}{m+1} < 2 \times \dfrac{1}{m+1}$: Il s'enfuivroit ; que ce Rallentiſſement, ſeroit moindre dans ce cas,
que dans celui où le corps intermèdiaire eſt plus lent que
les extrêmes. Enfin ; Comme l'expreſſion de la viteſſe de
ces corps extrêmes, entreroit comme multiplicateur, dans
l'expreſſion finale de ce Rallentiſſement : Il s'enſuivroit encore cette autre difference d'avec le cas du Lemme ; c'eſt
que la valeur finale du Rallentiſſement, dèpendroit en partie de la viteſſe des Corps extrêmes.

2de *Remarque.* Pour rendre *négative*, au lieu de *nulle*,
l'Accèlèration que produiroit ſur le Corps intermèdiaire, le
Corps extrême qui le pourſuit ; dans le cas où celui-ci ſe
meut plus lentement que celui-là : Il faudroit, que le corps
intermèdiaire, fût attaché à celui qui le pourſuit, par un
Fil inextenſible ; d'abord lâche, ſavoir, tant que ſa longueur
excèderoit la diſtance de ces deux corps ; enſuite tendu, ſavoir, dès que le corps intermèdiaire, auroit pris ſur celui qui
le pourſuit, une Avance ègale à la longueur de ce Fil. Car
on conçoit, qu'alors, le Corps intermèdiaire, obligé d'entrainer à ſa ſuite, un Corps plus lent que lui ; ſeroit autant retardé, par cette communication qu'il lui ſeroit d'une partie
de ſon mouvement ; que ſi ce dernier Corps ſe trouvoit ſur
ſa route, & que leur viteſſe reſpective poſitive dans cette hypothèſe, fût ègale à la viteſſe reſpective négative qui a rèellement lieu entr'eux. Et cette Retardation, ètant plus petite que la Retardation moyenne qu'èprouveroit le Corps intermèdiaire, ſi les extrêmes ètoient en repos ; d'une quantité
ègale à celle dont la Retardation cauſée par l'extrême qui
prècède rèellement l'intermèdiaire eſt plus grande que cette
Retardation moyenne : La ſomme de ces deux Retardations
inègales, ſeroit juſtement double de la Retardation moyenne.

ne. . Ce qui rendroit univerfelle, la conclufion ènoncée dans notre Lemme.

3me *Remarque.* Il eſt bien vrai, que ſi nous voulons laiſ-fer les Hypothèfes Mathématiques, pour nous rapprocher de la Nature; nous ferons obligés d'abandonner la *Simultanèïté* rigoureufe des chocs oppofés : Ce qui nous donnera, pour valeur du Rallentiſſement; des Formules differentes de $\frac{2m}{m+1}$, qui peut auſſi s'exprimer par $\frac{2m+2}{(m+1)^2}$: Savoir; $\frac{2m+1-v}{(m+1)^2}$, dans le cas où le premier choc eſt entre les corps qui vont à la rencontre l'un de l'autre; & $\frac{2m+1+v}{(m+1)^2}$, dans le cas où le premier choc a lieu entre les Corps qui fe pourfuivent.

Mais, par là même que nous nous raprochons de la Na-ture; ces trois Formules doivent paſſer pour ègales. C'eſt-à-dire : Que les differences, $v+1$ & $v-1$, qu'il y a entre les Numerateurs des dernières, & celui de la prèmière, $2m+2$; font Imperceptibles, par raport à celui-ci : Ou que, l'uni-té, eſt beaucoup plus petite par raport à m que par raport à v : Ou enfin; que la Maſſe des corpufcules qui frapent une Planète en même fens, pendant un tems aſſez court pour qu'aucun Corpufcule ne la frappe en fens contraire pendant ce même tems, eſt beaucoup plus petite par raport à la Maſſe de cette Planète; que leur Viteſſe, n'eſt grande par raport à la fienne.

2^d *Corollaire.* Lorfque les Corps extrêmes, fe meuvent dans une autre direction que l'Intermèdiaire; Et, qu'ayant décompofé leur mouvement en deux, l'un parallèle & l'au-tre perpendiculaire à cette direction; cette prèmière por-tion de leur viteſſe, fe trouve plus grande elle feule que toute la fienne. Le Rallentiſſement de ce Corps Intermè-diaire; fera le même, que ſi les Extrêmes s'ètoient mûs dans

la

la même direction que lui. Savoir, $\dfrac{2}{m+1}$.

3me *Corollaire*. Si plusieurs pareilles paires de Corps Antagonistes ègaux, ègales ou inègales les unes aux autres; frapent à la fois un même Corps Intermèdiaire, selon differentes directions: Et que, cette portion de leur vitesse qui est parallèle au mouvement de ce Corps, soit plus considèrable que la vitesse de ce mouvement, même chez les Paires dont les directions font les plus obliques à la sienne. Le Rallentissement de ce Corps, sera ègal à sa Vitesse, multipliée par la somme des masses de toutes ces Paires, & divisée par l'aggregé de sa Masse & de la moitié de cette somme. De sorte que : Si le nombre des Paires de Corps Antagonistes, est n; & qu'on les conçoive ègales, en en substituant plusieurs petites à chaque grosse : Le Rallentissement du Corps Intermèdiaire, sera $\dfrac{2n}{m+n}$.

4me *Remarque*. Mais, si quelques-unes de ces Paires, ont une direction assez differente de celle du Corps Intermèdiaire; pour que la portion de leur mouvement qui lui est parallèle, soit plus petite que la vitesse de ce Corps. Son Rallentissement, sera moindre que ne l'exprimeroit la fraction prècèdente; Comme il suit de la 1re Remarque.

De sorte que : Si le Nombre de ces Paires là (celles dont la Direction, forme avec celle du Corps Intermèdiaire, un angle, aussi aprochant du Droit, qu'on vient de le dire), est dèsigné par p; pendant que le Nombre de toutes les Paires, continuë à être dèsigné par n : Le Rallentissement de ce Corps, sera ègal à $\dfrac{2\,(n-p)}{m+1}$; plus la somme d'un nombre p de termes, dont chacun est ègal à $\dfrac{v+1}{m+1}$, & où v a autant de valeurs differentes (entre le zéro & l'unité)

nité) qu'il y a de differentes obliquités dans les Paires *p.*

5ᵐᵉ *Remarque.* Si les Corpuſcules qui frapent une Planè-te ſous des directions differentes ; ſont ègaux en maſſe com-me en viteſſe, & ègalement nombreux dans un tems don-né : Si ces directions, ſont diſtribuées uniformément en tout ſens : Et ſi le Rallentiſſement que tous ces Corpuſcules ſans exception cauſeroient chez cette Planète, quand la portion parallèle de la viteſſe de ceux-là même dont la direction eſt la plus differente de la ſienne, ſeroit encore ſupèrieure à ſa viteſſe ; ſi dis-je., ce Rallentiſſement, eſt exprimé par le Quarré du Sinus-total. Alors, voici comment s'exprime-ront les deux portions de Rallentiſſement, dans le cas où il n'y aura qu'une partie des Corpuſcules, dont la viteſſe, redui-te à la direction de la Planète, ſoit encore ſupèrieure à cel-le de cette Planète.

L'Expreſſion du Rallentiſſement que produiront dans cette Planète, les ſeules paires de Corpuſcules antagoniſtes, dont la viteſſe parallèle à la ſienne ſoit plus grande que celle-ci ; ſe-ra le Quarré du Sinus du plus grand angle aigu que leurs di-rections faſſent avec la direction de la Planète. Et l'Expreſ-ſion du Rallentiſſement que produiront les autres paires ; ſera moindre que le Quarré du Coſinus de ce même angle.

Je ſupprime la Dèmohſtration : Parce qu'il eſt peu important de mettre de la prèciſion dans ce Rapport. Car, on va voir par la Remarque ſuivante : Que peu importe, de combien, la ſeconde portion du Rallentiſſement, eſt inferieure au Quarré du Coſinus en queſtion ; vû que ce Quarré même, eſt imper-ceptible, par raport au Quarré du Sinus-total.

6ᵐᵉ *Remarque.* La viteſſe abſoluë des Corpuſcules, eſt à celle de la Planète ; comme le Sinus-total, eſt au Coſinus de l'angle que forme (avec la direction de la Planète) la direction des Corpuſcules dont la viteſſe (rèduite à cette prèmière direction) eſt ègale à la ſienne. Mais, on ſent dé-

L

ja, que la vitesse de la Planète, est à nègliger, en comparaison de celle des Corpuscules. Donc, ce Cosinus, est à nègliger, en comparaison du Sinus-total. Donc, à beaucoup plus forte raison; le Quarré de ce Cosinus, est-il à nègliger, en comparaison du Quarré du Sinus-total.

7me *Remarque.* En partant même, du plus grand Accourcissement que les Observations puissent permettre de supposer qu'il soit arrivé dans la longueur de l'Année: En l'attribuant même tout entier, à la rencontre que fait la Terre, des Corpuscules Gravifiques qui traversent sa route en tous sens: Et en supposant même, dans les Corps Célestes, aussi peu de Perméabilité à ces Corpuscules, que peuvent le permettre les Phènomènes indiqués dans mes *Additions* au § 15 de ce second Chapitre. La Rapidité des Corpuscules, sera encore tout au moins, dix billions de fois (dix millions de millions) supérieure à celle de la Lumière.

Debent nimirùm præcellere mobilitate,
Et multò citiùs ferri quàm lumina Solis.

LUCRETH, De natura rérum, II. 160 & 161.

C'est encore là, une de ces Propositions, si longues à dèmontrer; même sur une Orbite originairement circulaire, à laquelle je me suis borné: Qu'on trouveroit peu convenable, que je n'en fisse pas un Mémoire séparé. J'ai indiqué en gros, les fondemens de ce Calcul; dans une Note marginale d'une Lettre anonyme, très mal imprimée dans le Mercure de France du mois de Mai 1756. J'avois aussi indiqué dans cette Lettre, page 170; que mes Corpuscules Gravifiques, pouvoient rendre raison des Affinités Chymiques &c.

Note. La Substance de ces 6 dernières pages peut se réduire à ceci.

La Gravitation d'une Particule vers le Soleil, est principalement proportionnelle au Quarré de la Vitesse des Corpuscules mûs selon les Rayon vecteur. Au lieu que la Résistance qu'elle éprouve, est à peu près proportionnelle au Produit, de la Vitesse des Corpuscules mûs selon la Tangente, par la Vitesse de la Planète même. Donc, choses d'ailleurs égales: La Gravitation est à la Résistance; comme la Vitesse des Corpuscules est à la Vitesse de la Planète; c'est à dire, dans un Raport aussi immense qu'on le veut.

Et la 2e des Prémisses peut se prouver comme il suit.

La Résistance qu'éprouve la Planète, est la Différence des Chocs qu'elle reçoit pardevant & par derrière. Or, ces chocs, sont proportionnels, aux Quarrés des Vitesses respectives; lesquelles sont la Somme & la Différence des vitesses du Fluide & de la Planète. Donc, la Résistance, est proportionnelle à la Différence des Quarrés, de la Somme & de la Différence de ces deux vitesses absoluës. Donc (par la 8me Prop. du 2d Livre des Elémens d'EUCLIDE); cette Résistance est proportionnelle au Produit de ces deux Vitesses absoluës.

Prèmière des deux Dèmonstrations de la Rapidité de la Matière qui cause la Pesanteur, annoncées dans le § 32me du Chapitre II.

Quand deux Pendules, quadruples l'un de l'autre, dècrivent des Arcs semblables : Non-seulement, leurs vitesses absoluës dans des situations semblables, sont doubles l'une de l'autre : Mais cela est vrai aussi, de la portion verticale de ces vitesses. De sorte que : Quand ils descendent, ce qui leur fait èluder une portion de la vitesse du Fluide Gravifique ; le plus long en èlude une portion double de celle qu'en èlude le plus court : Et quand ils montent, ce qui leur fait renforcer la vitesse respective de ce Fluide ; le plus long la renforce d'une portion double de celle dont la renforce le plus court. Donc, un Pendule à simples secondes, reçoit des Impulsions de la part de ce Fluide, plus foibles, que celles en vertu desquelles un Pendule à demi-secondes est agité, d'une quantité proportionnelle à la difference de ces vitesses verticales comparée à la vitesse du Fluide. Or cette Difference, qui est la vitesse verticale même du Pendule à demi-secondes ; peut bien, dans les situations moyennes, passer pour être les $\frac{13}{10800}$ de celle d'un Corps qui tombe librement depuis une Seconde (un peu plus de cinq toises par Seconde), laquelle est elle-même la $\frac{1}{104}$ partie de celle de la Lune dans son Orbite (522 Toises par Seconde) ; de sorte que, cette Difference, seroit la $\frac{1}{86400}$ partie de la vitesse de la Lune. Si donc, la vitesse du Fluide Gravifique, ètoit ègale à celle de cette Planète ; & que le grand Pendule, fût exactement quadruple du petit : Le grand oscilleroit plus lentement, d'une $\frac{1}{86400}$ partie, que ne le fourniroit le rèsultat de sa comparaison théorique avec le petit. C'est-à-dire : Que pendant le même tems que le petit feroit 172 800 oscillations ; le grand n'en feroit pas 86 400, mais seulement

                    86 399.

86 399.　Or, on n'a point aperçu d'ècart d'une Oscillation sur 24 heures ; quand on a comparé des Pendules même plus inègaux que ceux-là. Donc le Fluide qui produit la Pesanteur, se meut plus vite que la Lune.

Remarque. J'ai dit : Que la vitesse verticale *moyenne*, du Pendule à demi-Secondes ; pouvoit passer, pour être environ les $\frac{13}{10800}$ de celle d'un Corps qui tombe librement depuis une Seconde. Cela, se dèduit à peu près, du Thèorème suivant : Que la *plus grande* vitesse verticale d'un Pendule qui oscille dans un Arc de Cycloïde (& par conséquent du Pendule qui dècrit de très petits Arcs de Cercle), est à la vitesse d'un Corps qui seroit tombé verticalement le long de tout ce Pendule (laquelle, pour le Pendule à demi-Secondes, est les $\frac{9}{40}$ de celle d'un Corps qui tombe librement depuis une Seconde) ; comme la moitié de la hauteur de laquelle le Pendule a èté lâché (la moitié du Sinus Verse d'un Arc qui est ordinairement de peu de degrés), est à toute la longueur du Pendule (prise pour Sinus total).

Seconde des deux Dèmonstrations annoncées dans le § 32me du Chapitre II.

Du retard apparent des Emersions des Satellites, lorsque leurs Planètes principales sont en opposition avec la Térre ; il s'ensuit : Que dans 500″, la lumiére parcourt 11000 diamètres terrestres, chacun de 6500 000 Toises : Ce qui fait, 143 millions de Toises par Seconde ; c'est-à-dire, 28 600 000 fois plus, qu'un Corps sur lequel la Pesanteur d'ici bas a agi pendant une Seconde (cinq toises par seconde)

Si donc, cette Pesanteur, ètoit l'effet d'un Fluide qui ne fût pas plus rapide que la Lumiére : Il faudroit, que la quantité qu'en reçoit ce Corps pendant une Seconde, fût au moins ègale à la $\frac{1}{28\,500\,000}$, partie de sa masse.

Donc : Au bout de 28 600 000 secondes, ou onze mois ;

la

la maſſe de ce Corps, auroit au moins doublé; comme auſſi, celle de tous les autres Corps qui font à la furface
de la Terre : Et les ſuites de ce *Doublement* ; ne rallenti-
roient pas ſelon un rapport partout le même, les divers
mouvemens terreſtres (ni les céleſtes, par la même raiſon)
dont nous nous ſervons pour meſurer le Tems ; & n'affoibli-
roient pas dans un raport conſtant, les diverſes meſures des
Forces (par exemple, l'Elaſticité comparée à la Peſanteur).

Cependant : On n'apperçoit point, qu'il naiſſe, d'une année à l'autre, aucune difproportion, entre les diverſes meſures du Tems, ni entre les diverſes meſures des Forces.

Donc : La Cauſe de la Peſanteur, ſe meut plus vite que
la Lumiére.

Remarque. La Concluſion feroit bien plus puiſſante : Si je
faiſois attention; non ſeulement, à la Matière qui fait graviter le Corps de la confidèration duquel j'ai tiré mon Argument; mais encore, à trois autres portions de Matière, que
je vais indiquer. 1° Celle qui tend à faire graviter le Corps
en queſtion, ſans y rèüſſir, à cauſe de celle qui en contre-
balance l'effet ; Matière, qui vaut, cent-mille fois au moins,
celle qui agit efficacément. 2° Celle-là même qui contre-
balance prefqu'entièrement la prèmière, après avoir traverſé
le Globe Terreſtre. 3° Celle qui agit obliquement à la direction moyenne de la Peſanteur ; direction ſur laquelle le
calcul a èté fondé : Nous n'avons tenu compte de cette dernière Matière, qu'en partie ; puifque (indépendamment de
toute Interception prècèdente) ſon Efficace verticale eſt ~~fix~~
~~fois~~ moindre dans le Raport de 2 à 3 que ſi elle ſe mouvoit verticalement, & que
nous avons cependant jugé de ſon abondance par cette Ef-
ficace ſeulement.

Remarque poſtèrieure. Quand j'annonçai *deux* Preuves de
la Rapidité des Corpuſcules, indèpendantes de celles que j'a-
vois dèja expoſées ; je n'appercevois pas la foibleſſe de celle-

ci.　Voici en quoi confiste cette foibleffe.

Quoique les Corpufcules Ultramondains, foient la Caufe, prochaine ou èloignée, de toute Elafticité ; & que par conféquent, ils en foient dèpourvûs eux-mêmes : Ils ne laiffent pas, de revenir prefque tous de chaque furface qu'ils ont frapée (ceux dont la route eft perpendiculaire à cette furface, en ètant feuls exceptés) : Savoir ; felon une direction prefque parallèle à cette furface, & avec une viteffe prefque proportionnée au Cofinus de l'angle que leur prèmière direction faifoit avec elle (la difference ne provenant, que de la viteffe qu'ils ont imprimée au corps frapé ; laquelle viteffe, eft imperceptible rèlativement à la leur).

Troifiéme Remarque.　On ne fera peut-être pas fâché, de trouver ici, quelle eft la Viteffe Moyenne, avec laquelle, les Corpufcules reviennent, d'un Corps, compofé, à l'intèrieur comme à l'extèrieur, de particules, dont les facettes fe prèfentent en auffi grand nombre, fous chaque direction, que fous toute direction phyfiquement differente.

La viteffe moyenne des Corpufcules après le choc, eft à leur à viteffe avant le choc ; ~~Comme la fomme des Sinus des Arcs qui croiffent imperceptiblement & uniformèment depuis le néant jufqu'au quart de la circonférence, eft à la fomme d'autant de fois le Sinus Total : C'eft-à-dire ; comme le diamètre d'un cercle, eft à fa demi-circonférence (voyez, par exemple, les Traités de Mr. Roberval fur les Indivifibles & fur la Roulette) : Environ ; comme 7 à 11, ou 226 à 355, ou 636 619 à un million.~~　Et leur Denfité, eft conftamment plus grande felon le même rapport.

L'effet de ce *retour,* fur la Gravitation Univerfelle ; eft donc le même, que fi chaque Corps, intercepfoit moins de Corpufcules qu'il n'en intercepte rèellement ; ~~dans le raport de 4 à 11, ou de 129 à 355, ou de 363 381 à un million.~~

Qua-

Quatriéme Remarque. Au dèfaut de cette *Seconde Dè*-monſtration tirée d'une conſidèration de Phyſique : Je vais donner deux Preuves de la même Rapidité des Corpuſcules, tirées de l'Economie de la Nature ; & un autre Argument, d'un genre mixte.

Prèmière Cauſe Finale
en faveur de la Rapidité des Corpuſcules Ultramondains.

Pour obtenir un Quotient dèterminé, en employant le moindre Dividende poſſible ; il faut mettre en uſage le moindre Diviſeur poſſible.

Afin donc, que deux Corps non-Elaſtiques, obtiennent après s'être choqués, une viteſſe commune, dèterminée ſelon une certaine direction ; en employant la moindre quantité de mouvement poſſible, ſelon cette direction: Il faut, que la ſomme de leurs maſſes, ſoit la moindre poſſible.

Si donc la maſſe de l'un eſt donnée : Il faut que la maſſe de l'autre ſoit la moindre poſſible ; & par conſéquent, que ſa Viteſſe ſoit la plus grande poſſible.

Or, tel eſt le cas d'un Grave, frapé par un Corpuſcule Gravifique, ou par pluſieurs à la fois.

Donc, chaque impreſſion de grandeur donnée, vers le Globe Terreſtre ou quelqu'autre Corps central ; ſera produite ſur un Grave donné, avec d'autant moins de Mouvement dans les Corpuſcules Gravifiques ; que ces Corpuſcules ſeront plus Rapides.

Donc : Si l'Economie du Mouvement, entre pour quelque choſe dans les vuës de la Nature : Elle a dû donner aux Corpuſcules Gravifiques ; toute la Rapidité qui pouvoit ſe concilier avec ſes autres vuës.

Seconde

Seconde Cauſe Finale
en faveur de la Rapidité des Corpuſcules Ultramondains.

Quand un Grave tombe dèja : L'effet des nouvelles Im-preſſions de la Gravité, n'eſt plus proportionnel à toute la viteſſe des Corpuſcules ; mais ſeulement, à l'excès de cette viteſſe ſur celle de ce Corps.

Or ; Cette ſource de diminution dans l'Effet, ſera un ob-jet d'autant moins conſidèrable rèlativement à tout cet Ef-fet ; que la Cauſe ſera plus grande à cet ègard.

Donc : La chûte des Graves, ſera plus Rapide ; quand, le Mouvement des Corpuſcules qui les pouſſent dans un tems donné, ètant donné ; ce Mouvement ſera le Produit d'une plus grande Viteſſe par une Maſſe d'autant plus petite.

Donc : Quand c'eſt la viteſſe de cette Chûte au bout d'un tems donné, qui eſt donnée : La dèpenſe de Mouve-ment pour la produire, ſera moindre ; lorſque ce Mouve-ment ſera le Produit d'une plus grande Viteſſe dans les Cor-puſcules, par une Maſſe d'autant plus petite.

Donc, encore une fois : L'Economie de la Nature, exi-geoit, que ces Corpuſcules fuſſent fort Rapides.

Argument mixte
en faveur de la Rapidité des Corpuſcules Ultramondains.

Dans un Eſpace de trois Dimenſions, où l'on a mené diverſes Droites, ſans aucun choix de directions. Si on les compare deux à deux : On en trouvera infiniment plus, qui ne ſeront pas dans un même plan, que de celles qui ſeront dans ce cas : Et cela ſera vrai, de celles qui paſſent le plus près l'une de l'autre, comme de celles qui s'avoiſinent le moins.

Or : Elles ne peuvent ſe rencontrer, que quand elles ſont dans un même plan.

Donc : Il y en aura infiniment plus, dont la moindre diſ-tance

tance aura quelque grandeur; que de celles, dont la diſtance ſera nulle, c'eſt-à-dire, qui ſe rencontreront. Et le nombre de celles qui ſe rencontreront, ſera plus petit encore; ſi l'ETRE qui a mené ces Droites, a pû avoir quelque raiſon pour qu'elles ne ſe rencontraſſent pas.

Or: Telles ſont les routes des centres des Corpuſcules Ultramondains.

Il eſt donc *très poſſible* : Qu'il n'y ait point de couple de Corpuſcules, dont la ſomme des demi-diamètres, excède la moindre diſtance de leurs routes ; par conſéquent, que jamais deux Corpuſcules ne ſoient dans le cas de ſe rencontrer. Et il eſt *très certain*; que cette Rencontre mutuëlle, arrive au moins fort rarement : Puiſqu'elle occaſionneroit certains inconvèniens, dont cependant on n'apperçoit pas les traces.

Donc: Ces Corpuſcules, ſont à peu près auſſi petits qu'on vient de le dire.

Cependant : Ils doivent produire ſur les Corps viſibles, des Effets d'une certaine grandeur ; la Peſanteur par exemple.

Il faut donc abſolument, leur ſuppoſer une Viteſſe, capable de compenſer ce qui leur manque de force du côté de la Maſſe.

Remarque. Il eſt vrai, que cet Argument, n'eſt concluant pour prouver dans les Corpuſcules, un tel degré de Petiteſſe, & par conſéquent de Rapidité ; qu'autant qu'on ſuppoſe, que la même Droite, ſert ſucceſſivement de route à pluſieurs d'entr'eux, leſquels même ſe ſuivent ſans interruption. Puiſque, ſi, entre les Corpuſcules qui ſuivent une même route ; les plus voiſins même l'un de l'autre, laiſſoient entr'eux, des Intervalles conſidèrablement plus grands que le diamètre moyen de ceux qui ſuivent une route qui croiſe celle-là : Il arriveroit ſouvent (& il arriveroit même abſolument toujours, ſi l'ETRE ORDINATEUR ſe l'ètoit ainſi propoſé); que les Corpuſcules d'une File, ne ſe préſenteroient pour croiſer une autre

M

File,

File, que quand celle-ci se trouveroit dènuée de Corpuscules vers le lieu de la moindre distance de ces deux Files ; ce qui
pareroit aux inconvèniens de leur Rencontre mutuëlle, sans
qu'il fût nècessaire que la somme de leurs demi-diamètres fût
moindre que la moindre distance de leurs routes : A peu près,
comme il n'arriveroit jamais d'Eclipse de Soleil ni de Lune ;
si ces deux Luminaires, ne se trouvoient jamais en même
tems dans le voisinage des Nœuds.

Mais : Plus grande on voudra supposer, la distance des Corpuscules d'une même File ; afin de faciliter la traversée de ceux
des Files qui croisent celle-là : Plus on diminuëra l'Impulsion
que cette File peut produire dans un tems donné, sur les
Corps Perceptibles qu'elle rencontre : Et plus, par conséquent, il faudra lui attribuër de Vitesse, pour compenser ce
qu'elle perd d'Efficace du côté de la quantité de matière.
Ce qui nous raméne à la même Conclusion que j'avois en
vuë.

Solution d'un Argument ad hominem, *contre cette façon de
raisonner d'après l'Economie prèsumée de la Nature.*

Objection. Si l'Oeconomie des Forces, ètoit un motif de
prèférence pour une Théorie ; mes Orbites Polygones devroient
être rejettées : Puisque la Dèpense de la Force Centripète
necessaire pour contenir un Corps dans une telle Orbite pendant un tems très petit ; y est double de la Dèpense nècessaire pour le contenir, pendant le même tems, dans une Orbite
rigoureusement Courbe ; ainsi qu'il a èté dèmontré, surtout
dans plusieurs Ouvrages de Mr. D'ALEMBERT.

Réponse. 1°. Les choses entre lesquelles j'ai prètendu ètablir une prèférence dans mes Arguments prècèdens ; ètoient
les unes comme les autres, d'une grandeur Finie, & ne dif-
féroient absolument que par la grandeur. Au lieu que, celles entre lesquelles on voudroit ètablir une comparaison dans

l'Obl'Objection que je viens de raporter; font originairement, l'une Finie, & l'autre Infiniment petite : Ce qui met entr'elles une fi grande difference; que la poffibilité d'une Caufe propre à produire la prèmière fuppofition, eft très aifée à concevoir dans un Vuide prefque parfait; au lieu qu'il faudroit un Plein parfait, pour concevoir la poffibilité d'une Caufe propre à produire la feconde fuppofition.

2°. Les Auteurs de cette Obfervation, ont confidèré la Force Centripète, principalement dans le Corps circulant même; comme c'eft l'ufage conftant & fenfé de ceux qui s'abftiennent de chercher la Caufe extèrieure de ces Forces : Et ils n'ont prètendu comparer, que les deux *Expreffions* de cette Force *par l'Efpace* parcouru dans un tems donné très petit. Au lieu que, je confidère ici les Forces Centripètes, uniquement dans les *Caufes extèrieures* qui font parcourir ces Efpaces.

Or il eft aifé de prouver, par les proprietés de la Progreffion Arithmètique, ou par la comparaifon d'un Triangle & d'un Parallelogramme de même bafe & de même hauteur; Qu'il ne fe dèpenfe pas plus de force, pour faire parcourir à un Corps un Efpace double, que pour lui en faire parcourir un fimple; pourvû que cette Force, foit communiquée tout à la fois, dans le premier cas; & fucceffivement par parcelles ègales, dans le fecond.

Cette inègalité d'Effets malgré l'ègalité des Caufes; provient, de ce que, dans le cas où l'Impreffion eft *Difcrète*; le Corps tombant, a fait chemin dès le commencement de fa chûte, avec toute la Viteffe; que, dans le Cas de l'Impreffion *Continuë*, il n'auroit obtenuë entièrement qu'à la fin.

Cette inègalité dans les Efpaces, malgré l'ègalité des Dèpenfes; eft très nettement dèvelopée dans l'Encyclopèdie, à la fin de l'article COURBE *polygone*.

Remarque. Mais, il n'en eft pas de même pendant le fe-

cond

cond tems très petit qui s'ècoule entre le second & le troifiéme coup de l'Impreffion Difcrète : L'Efpace parcourû pendant ce fecond tems, en vertu de cette Impreffion ; eft à
l'Efpace parcouru pendant le même tems en vertu de l'Impreffion Continuë ; feulement comme quatre eft à trois. Pendant un troifiéme tems pareil ; ces Efpaces font entr'eux,
comme fix à cinq : Pendant un quatriéme tems; comme
huit à fept : Et ainfi de fuite. De forte que : Les Efpaces
parcourus depuis le commencement de la chûte, en vertu de
ces deux fortes d'Impreffions ; font, au bout d'un nombre
ègal , n, de petits tems ègaux ; comme la fomme de n nombres Pairs dont le prèmier eft *deux*, eft à la fomme de n
nombres Impairs dont le prèmier eft *l'unité* ; c'eft-à-dire,
comme $nn+n$ eft à nn, ou comme $n+1$ eft à n : Raport, qui
fe confond fenfiblement avec celui d'Egalité ; dès que le nombre des Coups *Difcrets* , ègale quelques milliers, ou tout au
plus quelques millions.

    2me *Remarque.* Cette Doctrine, fera pleinement confirmée ;
s'il fe trouve vrai : Que quand il eft queftion de Tems confi-
dérables ; les Efpaces parcourus en vertu de ces deux genres de Forces, deviennent ègaux. Or, c'eft ce dont chaque Lecteur Gèomètre pourra s'affurer comme moi ; s'il prend
la peine d'apliquer à ces deux fortes d'Orbites, les Propofitions qui roulent fur les Efpaces rectilignes que les Forces
Centripètes feroient parcourir dans des tems confidèrables :
Par exemple ; le 5me des Thèorèmes de Mr. Huyghens fur
la Force Cèntrifuge, & le 9me *Corollaire* de la 4me Propofition de Mr. Newton.

    3me *Remarque.* La plupart des Ouvrages qu'on a ècrit juf-
qu'à prèfent fur les *Caufes Finales* ; renferment des principes
fi hazardés & fi vagues, des obfervations fi pueriles & fi dè-
coufuës, des rèfléxions enfin fi triviales & fi dèclamatoires ;
qu'on ne doit pas être furpris, de ce qu'ils ont dègouté

tant

rant de perfonnes de ces fortes de lectures. Mais il eft poffible de donner une *Thèorie des Fins*, exempte de ces grands dè- fauts ; qui embrafferoit les Ouvrages de l'Art, comme ceux de la Nature ; & qui, après avoir fourni des Règles de Syn- thèfe, pour la compofition d'un Ouvrage fur des Vuës don- nées & avec des Moyens donnés, propoferoit des Règles d'A- nalyfe, pour découvrir les facultés & les vuës d'un Agent par l'infpection de fes Ouvrages.

Ces Recherches m'ont occupé longtems. Et il y a déja plu- fieurs Années qu'elles auroient vû le jour ; fi, pour les met- tre en œuvre d'une façon affortie à la dignité du fujet, il n'eût pas été befoin d'une plume bien fupérieure à la mien- ne. Il en eft une ; qui, après s'être pliée avec beaucoup de fuccès aux foins de détail que demande l'Hiftoire Naturel- le, indépendamment des vuës fines qu'elle a fû y déployer ; va bientôt montrer au Public, qu'elle rend avec toute la net- teté & tout le coloris poffibles, ce qu'elle a découvert avec infiniment de fagacité & de profondeur dans la Phyfique & dans la Métaphyfique *.

Sur le § 35me du Chapitre Second.

J'ai eu le bonheur de me rencontrer fur ce point, avec un grand Gèomètre ; qui me communiqua de vive voix, dès l'Eté de 1756, fa façon de concevoir cette Difficulté, à peu près comme on la lit dans l'Encyclopèdie à l'article *Force*, quoiqu'imprimé feulement en 1757 ; & dans fes *Elé-*

M 3

mens

En 1760 & 1762 ; Mr
BONNET a publié, fo[n]
<u>Essai analytique sur le</u>
<u>facultés de l'Ame, & ses</u>
<u>Considérations sur les</u>
<u>Corps organisés</u>. Mais
ceci a été imprimé en
Février ou Mars 1761
<u>L'Essai analytique ne</u>
m'a été donné qu'en
Juin 1762.

---

* Pardonnez, trop modefte BONNET, ces traits qui viennent de m'èchaper. Mais ; pouvois-je être appellé à tracer votre nom, fans être tenté d'honorer mon difcernement, en publiant le cas que je fais faire de vos talents, qui font cependant la moindre partie de votre mèrite ? De même que je fuis fûr de faire honneur à mon ca- ractère ; en informant ceux qui connoiffent votre attachement exclufif à la Vertu, de l'Amitié que vous voulez bien m'accorder.

mens de Philofophie, quoiqu'imprimés feulement en 1759 *.

Quelque tems après, je lui envoyai l'efquiffe fuivante, de la manière dont je m'y prendrois pour dèmontrer cette non-continuïté de la Pefanteur.

THEOREME. L'Action de la gravité, n'eft pas Continuë.

Dèmonftration. Si l'Action de la Gravité ètoit Continuë;

les

* Voici ce dernier morceau. „ Tous les Philofophes paroiffent „ convenir : · Que la *Viteffe*, avec laquelle les Corps qui tombent, „ commencent à fe mouvoir ; eft *abfolument nulle*. Pourquoi donc, „ quand on foutient un Corps pefant qui tend à tomber; èprouve- „ t-on une *Réfiftance*, qu'on n'éprouve point dans tout autre fens „ que le fens vertical?

„ On dira peut-ètre : Que, dans les inftans qui fuivent le prè- „ mier; la viteffe avec laquelle le Corps tend à defcendre, augmen- „ tera, & deviendra Finie : Au lieu que, dans tout autre fens, elle „ demeure toujours nulle; le Corps, n'ayant aucune tendance à fe „ mouvoir, que dans le feul fens vertical.

„ On peut, je le veux, expliquer par là; pourquoi un Corps Pe- „ fant qu'on foutient, tombera, fi on l'abandonne à lui-même : Mais, „ on n'explique pas, encore une fois, pourquoi on ne peut le foute- „ nir fans *effort*. Car, la Viteffe Finie, que le Corps doit acquerir „ dans les inftans qui fuivront le prèmier moment de la Chûte ; n'e- „ xifte pas encore en ce prèmier moment, qui eft celui où l'on fou- „ tient le Corps : Elle ne peut donc produire aucune Réfiftance à „ vaincre.

„ Dira-t-on : Que ia Viteffe avec laquelle les Corps Pefans ten- „ dent à defcendre au premier inftant; n'eft pas abfolument nulle, „ mais feulement *très petite?*

„ On fe jette alors dans une autre difficulté. Car fuivant l'*hypo- „ thèfe* gènèralement admife par les Philofophes ; l'action de la Pe- „ fanteur eft *Continuë*; & tend à chaque inftant, à imprimer au „ Corps, la mème Viteffe qu'au prèmier inftant. Ainfi, cette *Vitef- „ fe*; fi elle ètoit Finie au prèmier inftant ; *feroit Infinie* au bout „ d'un tems Fini; ce qui eft contraire aux Obfervations.

„ Voilà donc un Problème, que nous laiffons à rèfoudre, aux „ Mèchaniciens Philofophes. ‟

les Loix que ſes Effets obſervent dans les grandes parties de ſa durée, ſeroient obſervées auſſi dans ſes plus petites parties.

Or : Une de ces Loix, eſt ; que les Viteſſes d'un corps qui tombe, ſont proportionnelles au Tems ècoulé depuis l'inſtant de ſa chûte.

Donc : Au bout d'un tems infiniment plus petit qu'une Seconde ; la viteſſe d'un Grave, ſeroit infiniment plus petite que celle qu'il auroit euë s'il ètoit tombé de quinze pieds de haut.

Or : Les Impreſſions complettes, d'un Corps en mouvement contre un Corps compreſſible, ſont proportionnées aux quarrés des viteſſes.

Donc : Dans un tems infiniment plus petit qu'une Seconde ; l'Impreſſion d'un Poids ſur ma main, devroit être un infiniment petit du ſecond ordre, rèlativement à celle qu'y produit le même Corps en tombant de quinze pieds de haut.

Mais : L'Expèrience m'aprend ; que l'Impreſſion perpetuelle que ce Poids produit ſur ma main, eſt Finie, ou tout au moins Infiniment-petite du prèmier ordre, par raport à celle qu'y produit la Chûte de ce même Corps.

Donc : La ſuppoſition que l'Action de la Gravité eſt Continuë, contredit formellement l'Expèrience.

Par conſéquent : Cette ſupoſition eſt fauſſe. C. q. f. d.

Corollaire. Donc l'Action de la Gravité, eſt *Diſcrète.* C'eſt-à-dire : Que chacune de ces Impreſſions, eſt Finie ; & que l'intervalle de tems, qui la ſépare de l'Impreſſion ſuivante, eſt d'une Durée Finie.

Corollaire 2^d. Les Projectiles, dècrivent donc des routes Polygones rectilignes : Et les Corps qui paroiſſent en Equilibre, ſont dans une agitation perpetuelle.

Remarque. C'eſt ainſi : Qu'un Pré ; qui, vû de près,

N

ſe

fe trouve couvert de parties vertes rèellement féparées ; offre
cependant aux perfonnes qui le regardent de loin, la fenfation
d'une Verdure Continuë : Et qu'un Corps poli ; auquel le
Microfcope dècouvre mille Solutions-de-continuité ; paroit à
l'œil nû, pofféder une Continuïté parfaite. C'ft encore ainfi : Que le fon d'un Inftrument de Mufique, produit chez
nous une Senfation Continuë, quoiqu'il foit le rèfultat d'un
grand nombre d'ofcillations diftinctes ; & c'eft ainfi, que l'œil
n'aperçoit point à l'ordinaire ces agitations.   Enfin, c'eft
ainfi : Que les rayons d'une Rouë qui tourne avec rapidité ;
paroiffent former un Difque tout d'une piéce.

Gènèralement : Le fimple bon - fens ; qui veut, qu'on fuf-
pende fon jugement fur ce qu'on ignore, & que l'on ne
tranche pas hardiment fur la non - exiftence de ce qui ècha-
pe à nos fens : Auroit dû empêcher, des gens qui s'appelloient
Philofophes, de dècider fi dogmatiquement ; la Continuité
rèelle, de ce qui avoit une Continuïté apparente ; & la non-
exiftence, des Intervalles qu'ils n'apercevoient pas.

Sur le § 39ᵐᵉ du Chapitre Second.

..... *De forte qu'il n'y en ait plus qui en reviennent.*
Ajoutez : *avec la même viteffe qu'il y ètoient arrivés ; mais
feulement, avec une viteffe, qui eft de celle-là,* ~~comme le diamètre d'un Cercle, eft à fa demi-Circonférence.~~

Cette Correction, eft en conféquence de la 3ᵐᵉ Remarque fur la 2ᵈᵉ des Dèmonftrations annoncées à la fin du §
32ᵐᵉ du Chapitre 2ᵈ.

Ibid....... *Ceux qui y vont.* Ajoutez : *dèduction faite
de ceux qui en reviennent.*

Ibid....... *Comme traverfant.* Entre ces deux mots, in-
ferez ceux - ci : *fe mouvant avec une viteffe, qui foit le
leur viteffe rèelle,* ~~comme l'excès de la demi-circonférence d'un
Cercle~~

~~Cercle sur son diamètre, est à cette demi-circonférence entière,~~ *& comme*

Sur le § 40me du Chapitre Second.

Que les Loix de la Chûte des Corps, puissent se dèduire de l'Impulsion des Corpuscules dont le Globe Terrestre a intercepté les Antagonistes : C'est ce qu'on concevra aisément, après la lecture de l'Article 126me de la Dynamique de Mr. D'ALEMBERT, 1re Edition.

,, Si un Corps M, de masse quelconque, animé d'une vi-
,, tesse donnée U; est choqué par un Corps m, infiniment pe-
,, tit, dont la vitesse soit u : Il recevra par ce choc, une
,, quantité de Mouvement $=$ à $m\,(u-U)$.   Et si u est infini-
,, ment plus grande que U: La quantité de Mouvement qu'il
,, recevra, sera égale à $m\,u$; c'est-à-dire, à la quantité de
,, Mouvement du Corps choquant.

,, On voit par là: Que quand le Mouvement d'un Corps,
,, est accèléré ou retardé par une puissance impulsive; dont
,, il reçoit pour ainsi dire, à chaque instant des coups réité-
,, rés : La quantité de Mouvement que le Corps perd ou
,, gagne à chaque instant, ne doit être regardée comme pro-
,, portionelle à la puissance impulsive; qu'en regardant cette
,, puissance comme une masse infiniment petite, animée d'u-
,, ne vitesse infinie par rapport à la vitesse du Corps poussé.
,, En ce cas, l'effet de cette puissance, est toujours le même,
,, soit que le Corps se meuve ou qu'il soit en repos.

Sur le § 1^r du Chapitre Troisiéme.

,, On peut Prècipiter quelques Corps dissous dans une
,, liqueur acide, par le moyen d'un autre acide ". En voici
cinq Exemples, tirés des Remarques de Mr. le Docteur &
Professeur *Plummer* sur les Dissolutions & Prècipitations Chy-

N 2

miques, imprimées dans les *Essais & Observations Philosoph.
& Litter. de la Societé d'Edimbourg*, traduits par Mr. *De-
mours*, Tome I^r, page 315.

Le mercure, uni à l'acide marin (ce qui constituë le su-
blimé corrosif); & le corail, dissous dans l'esprit de vinaigre;
seront précipités par l'huile de vitriol. L'argent, dissous dans
l'eau-forte; sera précipité par l'esprit de sel marin. La partie métallique de l'antimoine, dissoute dans l'eau régale (ce
qui fait le beurre d'Antimoine); & l'or, dissous dans un pareil menstruë; seront précipités par l'esprit de nitre.

Sur le § 16me du Chapitre Quatriéme.

A la tête de la Pharmacopée de Mr. *Quincy*, traduite &
augmentée par Mr. *Clausier* Médecin de Paris, & imprimée
à Paris en 1749; se trouve un *Discours préliminaire* du Tra-
ducteur; dont le § 15me, porte entr'autres ces mots.

„ La raison de la prèmière suite d'*Affinités*; savoir pour
„ les matières Semblables, qui s'attachent ensemble quand el-
„ les sont en liberté : C'est la Correspondance de leurs Po-
„ res ègalement distans, & la Ressemblance de ces Pores.
„ Parce que c'est la matière Ethèrée qui les aproche, en y
„ passant de la même manière. Et quand elles sont une
„ fois jointes; le passage de cette matière s'y faisant unifor-
„ mèment, elles sont retenuës dans cette situation ".

En pressant un peu cette Explication, & en y apliquant
les Réflexions contenuës dans mes §§ 13me 14me & 15me; on
sentira combien elle diffère de la mienne, telle que je l'ai tou-
jours conçuë : Telle, par exemple, que je l'avois ébauchée,
dans un petit Mémoire Anonyme, envoyé à l'Académie Royale
des Sciences de Paris, au mois de Mars de 1748; dont j'ai le
Rècèpissé du Secrétaire perpétuel : Et telle que je l'ai dé-
velo-

velopée dans un Chapitre exprès, intitulé *Conséquences Dè-
pendantes de la différente grosseur des Corpuscules* ; faisant partie d'un grand Mémoire Anonyme, que j'envoyai à la même
Académie au mois d'Août 1749, sous le Titre d'*Essai sur
l'Origine des Forces Mortes*, à l'occasion du Problème des
trois Corps.

Voici comment je m'exprimois, dans le § 35me du Mémoire de 1748.

,, Certaines Particules de matière, peuvent avoir tous leurs
,, Pores *permèables* si petits ; qu'elles né laissent passer que
,, les *Corpuscules Ultramondains* qui sont au-dessous d'une
,, certaine grosseur : Mais ces Pores peuvent être si nom-
,, breux, rélativement à ceux des autres Particules de ma-
,, tière ; que la *Permèabilitè* totale de ces prèmières Parti-
,, cules, soit autant ou plus considèrable que celle de ces
,, dernières. Ce qui peut varier à l'infini : Et semble pouvoir
,, expliquer comment, deux Corps Homogènes entr'eux, s'atti-
,, rent plus fortement, que ne font deux Corps Hètèrogè-
,, nes entr'eux ".

Sur les §§ 25 & 26 du Chapitre Quatriéme.

Troisiéme Exemple. Veut-on, que la Tendance des Homogènes, soit *double* de celle des Hètèrogènes ?

Qu'on suppose : Que les Corps d'une espèce, arrêtent in-
distinctément la cinquiéme partie de toutes sortes de Corpuscules ; que ceux de l'autre espèce, arrêtent la moitié des Corpuscules les plus grossiers, qu'on supposera faire les $\frac{3}{19}$ de
tout le Courant ; & qu'ils arrêtent seulement la quarantiéme
partie des $\frac{16}{19}$ les plus subtiles.

Car alors ; en vertu du Lemme dèmontré dans le Chapitre sixiéme : La Tendance mutuëlle des Corps de la prèmiè-
re espèce ; sera, la $\frac{1}{5}$ d'une $\frac{1}{5}$, ou la $\frac{1}{25}$, de celle qui auroit

eu lieu s'ils euffent été tous deux complettement Imperméables : La Tendance mutuëlle des Corps de la feconde efpèce ; fera, la moitié de la moitié de $\frac{3}{19}$, plus la quarantiéme de la quarantiéme de $\frac{16}{19}$; ou $\frac{3}{76}$ & $\frac{1}{1900}$; ce qui donne auffi $\frac{1}{25}$: Et la Tendance mutuëlle des Corps de deux efpèces differentes ; fera, la cinquiéme de la moitié de $\frac{3}{19}$, plus la cinquiéme de la quarantiéme de $\frac{16}{19}$; ou, $\frac{3}{190}$ & $\frac{2}{475}$; ce qui ne donne qu'une $\frac{1}{50}$.

Quatriéme Exemple. Pour que la Tendance des Homogènes, foit *centuple* de celle des Hètèrogènes : Il faut faire, $a = 201$, $b = 2$, $c = 4\,039\,698$, & $p = \frac{100\,992\,400}{9\,999}$.

Ou plutôt : Il faut faire les trois premiers de ces nombres, dix-mille millions ou cent mille millions de fois plus grands, pour des Corps d'une ligne de diamètre ; afin que la Gravitation des Corps les plus inègaux, foit fenfiblement proportionnelle à leur quantité de matière : Nommément ; l'Attraction du Soleil, comparée à celle de la Terre, diftances compenfées ; les Gravitations de Jupiter & de fes Satellites vers le Soleil ; comme auffi, la Pefanteur de la Lune & des Corps fublunaires vers la Terre (voyez les *Principes Math. de la Phil. naturelle*, Livre III, Prop. VI.).

Sur le § 27me *du Chapitre Quatriéme.*

Quand on a déja dèterminé a arbitrairement, & qu'on a fait b plus petit qu'a : Il ne faut point d'autre *Artifice*, pour déterminer c avant p, que de le faire plus grand que a & b féparèment ; afin que p, lequel eft ègal à $\frac{aa}{bb} \times \frac{cc-bb}{cc-aa}$, foit Pofitif : Et pour déterminer p avant c ; de façon que c, qui eft ègal à $ab\sqrt{\dfrac{p-1}{bbp-aa}}$, foit Rèel & Rationel ; il

fuffit

fuffit de faire p plus grand que l'unité & que $\frac{aa}{bb}$ féparément, & ègal à $\frac{aa-uu}{bb-uu}$; ce qui donnera pour c, la valeur $\frac{ab}{u}$.

Ayant nommé m, le nombre de fois qu'on fouhaite que
la Tendance mutuëlle des Corps de même nature, l'em-
porte fur celle des Corps de nature differente ; & l'ayant dèterminée, ou par des Faits, ou arbitrairement. Il faut faire : 1°, $a > m$, pour que b foit plus grand que l'unité ; 2°,
$b < \frac{a}{m}$, pour que c foit Pofitif ; 3° $c = a \times \frac{am-b}{a-bm}$, pour que
$a\,(b+c)$ foit ègal à $(aa+bc)m$; & 4°, $p = \frac{am}{b} \times \frac{c-b}{c-am}$,
pour que $\frac{1}{aa}$ foit ègal à $m \times \frac{bp-b+c}{abcp}$.

Dèmonftration des quatre Thèorèmes, ènoncés à la fin du Chapitre IV.

THEOREME. En partant des fuppofitions ènoncées dans
les Thèorèmes prècèdens. La Tendance de l'Eau vers l'Eau,
ou de l'Huile vers l'Huile ; eft à la Tendance de l'Eau vers
l'Huile, ou de l'Huile vers l'Eau : Comme l'Impermèabilité
Uniforme de l'Eau ; eft à la fomme des diverfes Impermèabilités de l'Huile à un Courant complet.

Et, ce que je dis de ces deux Corps en particulier, pour
plus de briéveté & de clarté dans les expreffions ; doit ègalement s'entendre, de tous autres Corps de deux efpèces,
combinés deux à deux de trois façons.

Enoncé Symbolique. Je dis : Que $\frac{1}{aa}$, eft à $\frac{(p-1)b+c}{pabc}$;

comme $\frac{1}{a}$, eft à $\frac{1}{b} \times \frac{1}{p} + \frac{1}{c} \times \frac{p-1}{p}$.

Dè-

Dèmonſtration. Multipliant par a, les deux termes de la prèmière Raiſon ; & ſimplifiant, le 2^d terme de la ſeconde Raiſon : Elles ſe rèduiſent l'une & l'autre, à celle de $\frac{1}{a}$ à $\frac{(p-1)b+c}{pbc}$.

2de *Dèmonſtration.* La Tendance de l'Eau vers l'Eau, & celle de l'Huile vers l'Eau ; ſont, l'une comme l'autre, le rèſultat des actions de deux Courants oppoſés, dont l'un eſt entier, tandis que l'autre a ètè altèrè par ſon paſſage au travers d'une goutte d'Eau : Elles ne peuvent donc differer, que par la diverſe aptitude de l'Eau & de l'Huile à recevoir ces actions : Or ces aptitudes, ſont, tant pour être pouſſées vers la goutte voiſine que pour en être ècartées ; en raiſon de leurs Impermèabilités : Donc, *Dividendo* ; l'excès de ce prèmier effet ſur le ſecond, doit auſſi être proportionné à ces Impermèabiiités.

Je ne parle pas, de la Tendance de l'Huile vers l'Huile ; parce qu'elle eſt ſuppoſée ègale à celle de l'Eau vers l'Eau : Ni de la Tendance de l'Eau vers l'Huile ; parce qu'elle eſt néceſſairement ègale à celle de l'Huile vers l'Eau.

THEOREME. Le Raport ènoncé dans le Thèorème prècèdent ; peut approcher autant qu'on veut, de la Raiſon ſous - doublée de celle qui règne entre un Courant complet & ſa portion groſſière ; au moyen des diverſes valeurs qu'on peut aſſigner aux Impermèabilités. Mais, ce prèmier Raport, ne peut jamais ègaler ni ſurpaſſer ce dernier.

Enoncé Symbolique. Je dis : Que $\frac{1}{a} : \frac{(p-1)b+c}{bpc} < 1 : \frac{1}{\sqrt{p}}$.

Dèmonſtration. On augmente $\frac{(p-1)b+cc}{pbbcc}$; en multipliant le prèmier terme de ſon Numèrateur, par la quantité Poſitive $p-1$; & en ajoutant encore à ce Numérateur,

le

le Produit Positif $2bc\,(p-1)$. Donc, $\dfrac{(p-1)\,bb+2bc+cc}{pbbcc} <$ $\dfrac{(p-1)^2\,bb+2bc\,(p-1)+cc}{pbbcc}$. Donc, par l'hypothèse; $\dfrac{1}{aa}$

$< \dfrac{(p-1)^2\,bb+2bc\,(p-1)+cc}{pbbcc}$. Donc, par Extractions de

Racines positives; $\dfrac{1}{a} < \dfrac{(p-1)b+c}{bc\sqrt{p}}$. Donc, en divisant de

part & d'autre par $\dfrac{(p-1)\,b+c}{pbc}$; $\dfrac{1}{a} : \dfrac{(p-1)\,b+c}{pbc} < \dfrac{1}{\sqrt{p:p}} = 1 : \dfrac{1}{\sqrt{p}}$.

2de *Démonstration.* De l'Equation $\dfrac{1}{aa} = \dfrac{bbp-bb+cc}{bbccp}$, je

tire $p = \dfrac{aa}{bb} \times \dfrac{cc-bb}{cc-aa}$; qui substituée dans le Raport de $\dfrac{1}{a}$ à

$\dfrac{bp-b+c}{bcp}$, donne enfin celui de $a\,(b+c)$ à $aa+bc$. Or:

En supposant a & b constantes, données & finies; mais c, variable; ce Raport sera le plus grand possible, quand sa

differentielle $\dfrac{(ac+bc)\,adc-(ab+ac)\,bdc}{(aa+bc)^2}$ sera infinie ou nul-

le; c'est-à-dire, quand $\dfrac{aa-bb}{(aa+bc)^2} = \dfrac{\infty}{0}$; ou, $aa-bb$ ètant

donnée, quand $(aa+bc)^2 = \dfrac{0}{\infty}$; ou, quand $aa+bc = \dfrac{0}{\infty}$.

Or: La prèmière valeur ne peut pas être admise; puisque c doit être Positive: Et, l'Infinité de la seconde, ne peut pas tomber sur aa, ni sur b; par l'hypothèse. Donc, $c = \infty$. Ce qui change le Raport de $\dfrac{1}{a}$ à $\dfrac{bp-b+c}{bcp}$, en celui de $\dfrac{1}{a}$ à $\dfrac{c}{bcp}$

ou de 1 à $\dfrac{a}{bp}$; & le Raport de $a\,(b+c)$ à $aa+bc$, en celui

de ac à bc, ou de a à b. Or: De la Proportion $1 : \dfrac{a}{bp} = a :$

O b.

b, on tire $a = b\sqrt{p}$. Donc : La première Raison, est celle de 1 à $\dfrac{b\sqrt{p}}{bp}$, ou enfin celle de 1 à $\dfrac{1}{\sqrt{p}}$.

Remarque. Voici encore deux façons, de prouver : Que la plus grande Inègalité des Tendances en question, a lieu ; quand les Corps de la seconde espèce, sont entièrement Permèables à la portion subtile des Corpuscules, &c ; c'est-à-dire, quand c est Infinie, &c.

De l'Equation $\dfrac{1}{aa} = \dfrac{bbp - bh + cc}{bbccp}$; on tire $c = ab\sqrt{\dfrac{p-1}{bbp-aa}}$; qui cesse d'être Réelle, dès que $bbp - aa = 0$, ce qui rend $c = \sqrt{\infty\,(p-1)} = \infty$.

Ou bien : De $bbp - aa = 0$, ou $p = \dfrac{aa}{bb}$, comparée avec $p = \dfrac{aa}{bb}$ $\times \dfrac{cc - bb}{cc - aa}$; on tire, $\dfrac{cc - bb}{cc - aa} = 1$, ou $cc - bb = cc - aa$, ou $cc - cc = bb - aa$, ou $cc = \dfrac{bh - aa}{1 - 1} = \infty$.

THEOREME. Lors même que, chacun des Corps des deux differentes espèces, est inègalement Permèable aux differens Corpuscules, selon quelque Raport que ce soit. Il suffit, que ces Rapports ne soient pas ègaux : Pour que la Tendance mutuëlle des Corps d'une même espèce, soit supèrieure à la Tendance mutuelle de ceux de differente Espèce.

Dènominations. Que les Impermèabilités de l'Eau & de l'Huile, à la portion $\dfrac{1}{p}$ du Courant, soient respectivement $\dfrac{1}{a}$ & $\dfrac{1}{b}$; & que leurs Impermèabilités à la portion $\dfrac{p-1}{p}$, soient $\dfrac{1}{d}$ & $\dfrac{1}{c}$.

Préparation. Il s'enfuit du ~~Lemme~~ du Chapitre VI. Que l'Eau, est poussée vers l'Eau ; au moyen d'une portion de Courant exprimée par $\dfrac{1}{aa} \times \dfrac{1}{p} + \dfrac{1}{dd} \times \dfrac{p-1}{p} = \dfrac{aa\,(p-1) + dd}{aaddp}$: Que l'Eau, est

eſt pouſſée vers l'Huile ; ou l'Huile , vers l'Eau ; au moyen d'une portion de Courant, exprimée par $\frac{1}{ab} \times \frac{1}{p} + \frac{1}{cd} \times \frac{p-1}{p} = \frac{ab(p-1)+cd}{abcdp}$: Et que l'Huile , eſt pouſſée vers l'Huile ; au moyen d'une portion de Courant, exprimée par $\frac{1}{bb} \times \frac{1}{p} + \frac{1}{cc} \times \frac{p-1}{p} = \frac{bb(p-1)+cc}{bbccp}$.

Enoncé Symbolique. Si , $\frac{bb(p-1)+cc}{bbccp} = \frac{aa(p-1)+dd}{aaddp}$, & que a & b ſoient inègales. On aura $\frac{aa(p-1)+dd}{aaddp} + \frac{bb(p-1)+cc}{bbccp} > 2 \times \frac{ab(p-1)+cd}{abcdp}$.

Dèmonſtration. Multipliant par $aabbp$: On a, $\frac{aabb(p-1)}{cc} + aa = \frac{aabb(p-1)}{dd} + bb$. Retranchant $\frac{aabb(p-1)}{cc} + bb$:

On trouve, $aa - bb = \frac{aabb(p-1)}{ccdd} \times (cc - dd)$. Or : Le Coëf-ficient $\frac{aabb(p-1)}{ccdd}$ eſt Poſitif. Donc : $aa - bb$ & $cc - dd$, ſont toutes deux en même tems, ou nulles , ou poſitives , ou nè-gatives. Donc : Il en eſt de même, de $a - b$ & $c - d$. Mais : Par l'hypothèſe , $a - b$ n'eſt pas nulle. Donc : $c - d$ n'eſt pas nulle non plus. Donc : Leurs quarrés, ſont tous deux plus grands que rien ; $aa - 2ab + bb > 0$, & $cc - 2cd + dd > 0$. Donc : $aa + bb > 2ab$, & $cc + dd > 2cd$. Diviſant la prèmiè-re Inègalité par $aabbp$, la ſeconde par $\frac{ccddp}{p-1}$, & les additionnant :

On obtient, $\frac{1}{bbp} + \frac{1}{aap} + \frac{p-1}{ddp} + \frac{p-1}{ccp} > \frac{2}{abp} + \frac{2(p-1)}{cdp}$: Qui ſe

O 2

rèduit

que, à plus forte raison ; $\frac{b}{a}$, fera plus petite où plus gran-

de que $\frac{c}{d}$; & par conféquent, bd, plus petite ou plus gran-

de qu'ac. D'où il dècoule : Que quand les membres de cette Equation, feront Pofitifs ; on aura $bc + bdq < acq + bc$: Et que quand ils feront Négatifs ; on aura $lc + bdq > acq + bc$.

Or, felon que les deux membres d'une Equation, qu'on veut divifer par ceux d'une Inègalité, font Pofitifs ou Négatifs ; les Quotiens, formeront, ou une Inègalité contraire à celle des Divifeurs, ou une Inègalité de même efpèce que celle des Divifeurs.

Lors donc qu'on divifera les deux membres de notre Equation, refpectivement par $bc + bdq$ & $acq + bc$: Le figne d'Inègalité des Quotiens, fera $>$, quand ces membres d'Equation feront Pofitifs ; puifqu'alors, le figne d'Inègalité des Divifeurs, eft $<$: Et le figne d'Inègalité des Quotiens, fera auffi $>$, quand les membres de l'Equation feront Nègatifs ; puifqu'alors le figne d'Inègalité des Divifeurs, eft $>$. C'eft-à-dire ; que dans l'un & l'autre cas, on aura, $aab [p-1][c-dq] > cdd [aq-b]$. D'où l'on tirera, par tranfpofition, $aabc [p-1] + bcdd > q \times aabd [p-1] + q \times acdd$; &, en divifant par $aabcddp$, on obtiendra, $\dfrac{aa [p-1] + dd}{aaddp}$

$> q \times \dfrac{ab [p-1] + cd}{abcdp}$.

Thèorème analogue au prècèdent.

Selon que la Raifon des Impermèabilités de deux fortes de Corps à une même partie du Courànt, fera ègale ou inègale à la Raifon fousdoublée de celle qui a lieu entre la Tendance mutuëlle des Corps de la prèmière efpèce & la Tendance mutuëlle des Corps de la feconde efpèce. La Tendance

dance mutuëlle des Corps de ces deux espèces; sera ègale ou infèrieure, à la moyenne proportionnelle entre ces deux premières Tendances.

Enoncé Symbolique. Quand $qq \times \dfrac{bb(p-1)+cc}{bbccp} = \dfrac{aa(p-1)+dd}{aaddp}$.

Selon que le Raport de $\dfrac{1}{a}$ à $\dfrac{1}{b}$, sera ègal ou inègal au Raport de q à 1; c'est-à-dire, selon que aq & b seront ègales ou inègales : On aura, $\dfrac{ab(p-1)+cd}{abcdp} > q \times \dfrac{bb(p-1)+cc}{bbccp}$.

Dèmonstration. Multipliant par $aabbp$; on a, $\dfrac{aabb(p-1)qq}{cc}$

$+\ aaqq = \dfrac{aabb(p-1)}{dd} + bb$. Retranchant $\dfrac{aabb(p-1)qq}{cc} + bb$;

on trouve, $aaqq - bb = \dfrac{aabb(p-1)}{dd} - \dfrac{aabb(p-1)qq}{cc} =$

$\dfrac{aabbcc(p-1) - aabbdd(p-1)qq}{ccdd} = \dfrac{aabb(p-1)}{ccdd} \times (cc - ddqq)$.

Or, le Coëfficient $\dfrac{aabb(p-1)}{ccdd}$, est Positif. Donc, $aaqq - bb$ & $cc - ddq$, sont toutes deux en même tems, ou nulles, ou positives, ou nègatives. Donc, il en est de même, de $aq - b$ & $c - dq$. Donc, leurs quarrés, $aaqq - 2abq + bb$ & $cc - 2cdq + ddqq$, sont tous deux en même tems, ou nuls, ou positifs. Donc, selon qu'on a, $aaqq + bb \overset{=}{>} 2abq$; on a respectivement, $cc + ddqq \overset{=}{>} 2cdq$. Divisant la première Egalité ou Inègalité par $aabbp$, la seconde par $\dfrac{ccddp}{p-1}$, & les additionnant : On trouve, $\dfrac{qq}{bbp} + \dfrac{1}{aap} + \dfrac{p-1}{ddp}$

$+$

rèduit à $\dfrac{cc + bb\,(p-1)}{bbccp} + \dfrac{dd + aa\,(p-1)}{aaddp} > \dfrac{2cd + 2ab\,(p-1)}{abcdp}$.

C. q. f. d.

THEOREME. En suppofant les mêmes Inègalités de Permèabilité à diverfes Claffes de Corpufcules, que nous avons fuppofées dans le Thèorème prècèdent ; & le même dèfaut de Proportion entre ces Inègalités : Enfin ; que la Tendance mutuëlle d'une des Couples de Corps Homogènes l'un à l'autre, ne foit pas égale à la Tendance mutuëlle de l'autre Couple. La Tendance mutuëlle d'un des Corps de la prèmière Couple & d'un des Corps de la feconde ; qui feroit moyenne proportionnelle entre les Tendances de ces deux Couples, fi les Inègalités de Permèabilité a diverfes Claffes de Corpufcules étoient Proportionnelles ; fera plus petite que cette Moyenne proportionnelle.

Enoncé Symbolique de la Propofition incidente. Si, $\dfrac{aa\,(r-1)+dd}{aaddp}$

$= qq \times \dfrac{bb\,(p-1)+cc}{bbccpp}$; & que, $\dfrac{1}{a} : \dfrac{1}{b} = \dfrac{1}{d} : \dfrac{1}{c}$.   On aura,

$\dfrac{aa\,(p-1)+dd}{aaddp} = q \times \dfrac{ab\,(p-1)+cd}{abcdp}$.

Demonftration. Par l'hypothèfe : $\dfrac{a}{b} = \dfrac{d}{c}$: De forte que,

l'on pourra fubftituer, $\dfrac{a}{b}$ à $\dfrac{d}{c}$, $\dfrac{aa}{bb}$ à $\dfrac{dd}{cc}$, $\dfrac{aa}{bb}$ à $\dfrac{ad}{bc}$, & $\dfrac{a^4}{b^4}$ à $\dfrac{aadd}{bbcc}$.

Or, indèpendamment de toute hypothèfe ; $\dfrac{aa\,(p-1)+dd}{aaddp} =$

$$\dfrac{\frac{aa}{bb}\times bb(p-1)+\frac{dd}{cc}\times cc}{\frac{aadd}{bbcc}\times bbccp}. \quad \text{Donc ;} \quad \dfrac{aa(p-1)+dd}{aaddp} = \dfrac{\frac{aa}{bb}\times bb(p-1)+\frac{aa}{bb}\times cc}{\frac{a^4}{b^4}\times bbccp} =$$

$$= \frac{bb}{aa} \times \frac{bb(p-1)+cc}{bbccp}.$$ Donc; $qq = \frac{bb}{aa}$; & par conséquent,

$q = \frac{b}{a}$. Or, indèpendamment de toute hypothèse; $\dfrac{aa(p-1)+dd}{aaddp}$

$$= \frac{\dfrac{a}{b} \times ab(p-1) + \dfrac{d}{c} \times cd}{\dfrac{ad}{bc} \times abcdp} = [\text{par les fubftitutions annoncées}]$$

$$\frac{\dfrac{a}{b} \times ab(p-1) + \dfrac{a}{b} \times cd}{\dfrac{aa}{bb} \times abcdp} = \frac{b}{a} \times \frac{ab(p-1)+cd}{abcdp}. \quad \text{Donc;} \quad \frac{aa(p-1)+dd}{aaddp}$$

$$= q \times \frac{ab(p-1)+cd}{abcdp}.$$

Enoncé Symbolique de la Propofition principale. Si, $\dfrac{aa(p-1)+dd}{aaddp}$

$= qq \times \dfrac{bb(p-1)+cc}{bbccp}$; & que, $\dfrac{b}{a}$ ne foit pas ègale à $\dfrac{c}{d}$: On

aura, $\dfrac{aa(p-1)+dd}{aaddp} > q \times \dfrac{ab(p-1)+cd}{abcdp}$.

Démonftration. Multipliant, de part & d'autre, par $aabbccdd$;
on a, $aabbcc[p-1] + bbccdd = qq \times aabbdd[p-1] + qq + aaccdd$.
Tranfpofant, & refolvant quelques Produits en Facteurs; on
trouve, $aabb[p-1] \times [cc-ddqq] = ccdd[aaqq-bb]$; ou,
$aab[p-1][c-dq][bc+bdq] = cdd[aq-b][acq+bc]$.
Donc : La valeur de $c-dq$, fera Pofitive ou Nègative; felon que celle de $aq-b$, le fera. C'eft-à-dire : Que, felon que q fera plus grande ou plus petite que $\dfrac{b}{a}$; elle fera

au contraire plus petite ou plus grande que $\dfrac{c}{d}$: De forte

que,

que, à plus forte raifon ; $\frac{b}{a}$, fera plus petite ou plus gran-

de que $\frac{c}{d}$; & par conféquent, *bd*, plus petite ou plus gran-

de qu'*ac*. D'où il découle : Que quand les membres de cette Equation, feront Pofitifs ; on aura $bc + bdq < acq + bc$: Et que quand ils feront Négatifs ; on aura $lc + bdq > acq + bc$.

Or, felon que les deux membres d'une Equation, qu'on veut divifer par ceux d'une Inègalité, font Pofitifs ou Négatifs ; les Quotiens, formeront, ou une Inègalité contraire à celle des Divifeurs, ou une Inègalité de même efpèce que celle des Divifeurs.

Lors donc qu'on divifera les deux membres de notre Equation, refpectivement par $bc + bdq$ & $acq + bc$: Le figne d'Inègalité des Quotiens, fera $>$, quand ces membres d'Equation feront Pofitifs ; puifqu'alors, le figne d'Inègalité des Divifeurs, eft $<$: Et le figne d'Inègalité des Quotiens, fera auffi $>$, quand les membres de l'Equation feront Négatifs ; puifqu'alors le figne d'Inègalité des Divifeurs, eft $>$. C'eft-à-dire ; que dans l'un & l'autre cas, on aura, $aab [p-1] [c-dq] > cdd [aq-b]$. D'où l'on tirera, par tranf. pofition, $aabc [p-1] + bcdd > q \times aabd [p-1] + q \times acdd$; &, en divifant par $aabcddp$, on obtiendra, $\dfrac{aa [p-1] + dd}{aaddp}$

$> q \times \dfrac{ab [p-1] + cd}{abcdp}$.

Thèorème analogue au prècèdent.

Selon que la Raifon des Imperméabilités de deux fortes de Corps à une même partie du Courant, fera ègale ou inègale à la Raifon fousdoublée de celle qui a lieu entre la Tendance mutuëlle des Corps de la prèmière efpèce & la Tendance mutuëlle des Corps de la feconde efpèce. La Tendance mutuëlle des Corps de ces deux espèces; sera ègale ou infèrieure, à la moyenne proportionnelle entre ces deux prèmièrés Tendances.

Enoncé Symbolique. Quand $qq \times \dfrac{bb\,(p-1)+cc}{bbccp} = \dfrac{aa\,(p-1)+dd}{aaddp}$.

Selon que le Raport de $\dfrac{1}{a}$ à $\dfrac{1}{b}$, sera ègal ou inègal au Raport de q à 1; c'est-à-dire, felon que aq & b seront ègales ou inègales : On aura, $\dfrac{ab\,(p-1)+cd}{abcdp} \gtrless q \times \dfrac{bb\,(p-1)+cc}{bbccp}$.

Dèmonſtration. Multipliant par $aabbp$; on a, $\dfrac{aabb\,(p-1)\,qq}{cc}$ $+ aaqq = \dfrac{aabb\,(p-1)}{dd} + bb$. Retranchant $\dfrac{aabb\,(p-1)\,qq}{cc} + bb$; on trouve, $aaqq - bb = \dfrac{aabb\,(p-1)}{dd} - \dfrac{aabb\,(p-1)\,qq}{cc} =$

$\dfrac{aabbcc\,(p-1)-aabbdd\,(p-1)\,qq}{ccdd} = \dfrac{aabb\,(p-1)}{ccdd} \times (cc-ddqq)$.

Or, le Coëfficient $\dfrac{aabb\,(p-1)}{ccdd}$, eſt Poſitif. Donc, $aaqq - bb$ & $cc-ddq$, font toutes deux en même tems, ou nulles, ou poſitives, ou nègatives. Donc, il en eſt de même, de $aq-b$ & $c-dq$. Donc, leurs quarrés, $aaqq - 2abq + bb$ & $cc - 2cdq + ddqq$, font tous deux en même tems, ou nuls, ou poſitifs. Donc, ſelon qu'on a, $aaqq + bb \gtreqless 2abq$; on a reſpectivement, $cc + ddqq \gtreqless 2cdq$. Divifant la prèmière Egalité ou Inègalité par $aabbp$, la ſeconde par $\dfrac{ccddp}{p-1}$, & les additionnant : On trouve, $\dfrac{qq}{bbp} + \dfrac{1}{aap} + \dfrac{p-1}{ddp}$

$+$

$$+ \frac{(p-1)\,q}{ccp} = \frac{2q}{abp} + \frac{2(p-1)q}{cap}\,;\ \text{qui se réduit à, } \frac{dd + aa(p-1)}{aadap}$$

$$+ qq \times \frac{cc + (p-1)}{bbccp} = 2q \times \frac{cd + ab(p-1)}{abcdp}. \quad \text{Prenant la moitié :}$$

On obtient, $qq \times \dfrac{cc + dd(p-1)}{bbccp} > q \times \dfrac{cd + ab(p-1)}{abcdp}$. Divi-

sant par q : On a enfin, $q \times \dfrac{cc \times (p-1)}{bbccp} = \dfrac{cd + ab(p-1)}{abcdp}$.

C. q. f. d.

Autre Dèmonſtration, du Lemme du Chapitre Sixiéme

Le Nombre des Corpuſcules, qui pouſſent un Corps Impermèable vers un Corps Permèable, ſans être contrebalancés
par des Antagoniſtes directs ; eſt moindre que celui des Corpuſcules qui le pouſſeroient vers un Corps Impermèable, de
même volume & figure, diſtance & poſition, que ce Corps Permèable ; de tout le nombre de ceux que ce ſecond a laiſſé
arriver vers le prèmier, au lieu de les arrêter comme il l'auroit fait s'il eût été Impermèable : C'eſt-à-dire ; que ce prèmier Nombre, eſt juſtement celui des Corpuſcules que le ſecond Corps a arrêté malgré ſa Permèabilité : En un mot :
Le Nombre des Corpuſcules qui pouſſent efficacèment un
Corps Impermèable vers un Corps Permèable ; eſt proportionné à l'Impermèabilité de ce ſecond Corps.

Mais, ſi le premier Corps ; eſt lui-même plus ou moins
Permèable aux Corpuſcules : Il faut diminuer l'une & l'autre des Impulſions oppoſées qui le font à ſa ſurface ; dans le
raport de cette Impermèabilité complete hypothètique, à ſon
Impermèabilité partielle réelle ; & par conféquent, diminuer
ſelon ce même raport, la difference de ces Impulſions oppoſées,

fées, dans laquelle rèfide toute l'efficace des Corpuſcules.

Donc : Le Nombre des Corpuſcules qui pouſſent efficacè-ment un Corps Perméable vers un Corps Perméable ; eſt proportionné, à la Fraction qui exprime l'Imperméabilité du ſecond Corps, multipliée par la Fraction qui exprime l'Im-perméabilité du premier.

Dèmonſtration immèdiate de la 1re *Remarque ſur le Lemme du Chapitre Sixiéme.*

1re *Dèfinition.* J'entens par *Filet Ultramondain* : Une ſuc-ceſſion de Corpuſcules Ultramondains, aſſez longue & aſſez large ; pour que le Torrent de même longueur & largeur qui lui eſt oppoſé, n'en differe pas pour l'Efficace, d'une quanti-té qui ait un rapport ſenſible avec toute cette ſucceſſion ; d'une millioniéme par exemple. On ſait : Que dans la com-paraiſon de deux aſſemblages de choſes inègales ; les compen-ſations, approchent d'autant plus de l'exactitude, que ces aſ-ſemblages ſont plus nombreux.

2de *Dèfinition.* J'entens par Filets Ultramondains *Efficaces* pour pouſſer un certain Corps ; ceux qui frapent ce Corps, & dont un autre Corps a intercepté les Antagoniſtes directs : Et par *Inèfficaces* ; ceux qui ne frapent point du tout le Corps en queſtion [ſoit qu'il paſſent à côté de lui, ou par ſes pores] ; ou ceux qui le frapent, mais dont les Antagoniſtes directs n'ont pas èté interceptés.

1^r *Corollaire.* Quand donc un Filet Ultramondain, eſt Ef-ficace pour pouſſer un Corps vers un autre : Son Antago-niſte direct, eſt Efficace auſſi pour pouſſer ce ſecond Corps vers le premier ; puiſqu'il n'a pû être intercepté par ce ſe-cond Corps, ſans le heurter ſelon ſa propre direction, qui ètoit celle-là. Et quand ce premier Filet eſt Inèfficace, pour produire le prèmier Effet : Son Antagoniſte direct, eſt Inèfficace pour produire le ſecond Effet ; puiſqu'il n'a pû ar-

P

river

river vers le prèmier Corps, qu'autant qu'il n'a point ren-contré le fecond.

2.⁴ *Corollaire.* Puifque les routes de deux Antagoniftes directs, font une même route : Elles font le même angle l'une que l'autre, avec la direction moyenne des Corps pouf-fés, qui refulte finalement de la compofition des chocs de tous les Filets Efficaces. Donc, leurs Efficaces abfoluës ètant ègales ; leurs Efficaces rèduites à cette même direction, & rè-alifées feulement felon cette direction, font ègales aufli.

Conclufion. A chaque Elément de la Caufe qui pouffe un Corps quelconque vers un autre Corps quelconque ; rèpond un Elément de même efficace pour pouffer celui-ci vers ce-lui-là. Donc : Ces Caufes totales, font de même efficace. Donc : *Les Actions mutuëlles de deux Corps quelconques, font ègales* ; entant que la prèfence de chacun d'entr'eux, dèlivre l'autre Corps, des obftacles qui s'oppofoient à ce qu'il fût pouffé efficacément vers ce prèmier.

Supplément aux fecondes Dèmonftrations de deux Thèorèmes du Chapitre Sixiéme.

Une Egalité, divifée par une Inégalité, ne donne une Inè-galité contraire ; que quand les Membres de cette Egalité font Pofitifs. Or : Les Egalités dont nous avons tiré de pareilles conféquences ; ètoient, $2bbcc - 2aabb = aacc - aabb$, & $bbccp - aabbp = aacc - aabb$. Donc : Il auroit fallu avoir prouvé ; que $cc - aa$ & $cc - bb$, ètoient bien des quantités Pofitives : Et cela, en partant de ces fuppofitions feulement ; 1° que $a > b$, 2° que $\dfrac{1}{aa} = $ ou à $\dfrac{bb + cc}{2bbcc}$ ou à $\dfrac{(n - 1.) bb + cc}{pbbcc}$. Je vais par-tir de cette prèmière fuppofition, & de la plus générale des deux formules de la feconde fuppofition ; pour completer la dèmonftration du plus général des deux Thèorèmes en quef-tion.

tion. L'autre Thèorème, n'en ètant qu'un cas particulier ; je le pafferai fous filence.

Dèmonftration. 1. Multipliant en croix ; on a $pbbcc = aabb\,(p-1)+aacc$: Tranfpofant & divifant ; on a $cc = \dfrac{aabb\,(p-1)}{pbb-aa}$.

2. Comme $p-1$ eft une quantité Pofitive ; $\dfrac{(p-1)\,bb+cc}{pbbcc}$

$> \dfrac{cc}{pbbcc}$; ou $\dfrac{1}{aa} > \dfrac{1}{pbb}$; ou $pbb > aa$; ou $pbb-aa > 0$: Ce qu'on pouvoit auffi dèduire du Numero prècèdent.

3. $aa > bb$. Ajoutant de part & d'autre $(p-1)\,bb-aa$; on a $(p-1)\,bb > pbb-aa$. Divifant de part & d'autre par $pbb-aa$, qui eft une quantité Pofitive (numero 2) ; on a $\dfrac{(p-1)\,bb}{pbb-aa} > 1$. Donc $\dfrac{(p-1)\,aabb}{pbb-aa} > aa$. Donc (numero 1), $cc > aa$, ou $cc-aa > 0$, C. q. f. d. 1°.

4. Puifque $aa > bb$; on a $paa > pbb$, & par conféquent $(p-1)\,aa > pbb-aa$. Divifant de part & d'autre par $pbb-aa$, qui eft une quantité Pofitive (numero 2) ; on a $\dfrac{(p-1)\,aa}{pbb-aa}$

> 1. Donc, $\dfrac{(p-1)\,aabb}{pbb-aa} > bb$. Donc (numero 1) $cc > bb$, ou $cc-bb > 0$, C. q. f. d. 2°.

Autrement. $cc-aa$ ètant Pofitive (numero 3), $bbccp-aabbp$ le fera auffi. Donc, $aacc-aabb$, qui lui eft ègale (par le commencement de la 2de Dèmonftration du dernier Thèorème), fera Pofitive. Donc, $cc-bb$ le fera.

F I N.